硅谷密探
探秘全球科技精华

硅谷密探 编著

电子工业出版社
Publishing House of Electronics Industry
北京·BEIJING

内 容 简 介

不可知的未来正向我们涌来，在 IT 技术变革比人们换手机还勤的时代里，一切更新都显得那么平常而频繁。这一切的策源地——硅谷，也正在以一种平静稳健而大步流星的姿态，兼容含蓄地迎接来自全球各个角落的顶尖人才、技术、创意、设计及资本。

硅谷密探非常幸运，身处于变化最快的两个大国——美国与中国，探秘全球科技精华，做中国与硅谷的桥梁，在硅谷为大家发掘并分享用心做产品的故事和用心做的产品，本书介绍的案例涉及社交与移动协同、餐饮类产品、工具类产品、互联网金融产品、共享经济产品、教育益智产品、交通出行产品、智能硬件产品等生活的方方面面。

任何一个好的产品、好的切入点、好的技术应用和好的商业模式，都是值得创业者学习和借鉴的。硅谷密探通过对一系列优秀的移动互联网产品的深度剖析，为创业者及 IT 爱好者们呈现以创业者及产品经理为视角的观察与评测，第一时间为全球创投圈提供原创一手资讯，在众多噪声中，为认真的创业者提供一个面向对象的、冷静的思考资料和线索。

未经许可，不得以任何方式复制或抄袭本书之部分或全部内容。
版权所有，侵权必究。

图书在版编目（CIP）数据

硅谷密探：探秘全球科技精华 / 硅谷密探编著 . —北京：电子工业出版社，2016.8
ISBN 978-7-121-28754-1

Ⅰ.①硅… Ⅱ.①硅… Ⅲ.①电子计算机工业 – 概况 – 世界 Ⅳ.① TP3

中国版本图书馆 CIP 数据核字（2016）第 096445 号

责任编辑：张　楠
文稿编辑：张来盛
印　　刷：北京瑞禾彩色印刷有限公司
装　　订：北京瑞禾彩色印刷有限公司
出版发行：电子工业出版社
　　　　　北京市海淀区万寿路 173 信箱　邮编　100036
开　　本：880×1 230　1/16　印张：12　字数：375 千字
版　　次：2016 年 8 月第 1 版
印　　次：2023 年 4 月第 6 次印刷
定　　价：69.00 元

凡所购买电子工业出版社图书有缺损问题，请向购买书店调换。若书店售缺，请与本社发行部联系，联系及邮购电话：（010）88254888，88258888。

质量投诉请发邮件至 zlts@phei.com.cn，盗版侵权举报请发邮件至 dbqq@phei.com.cn。

本书咨询联系方式：（010）88254579。

自 序

——硅谷密探，中国到硅谷的桥梁

你知道吗？ 在 2013 年，美国的加利福尼亚州（California 以下简称加州）GDP 已经排到全球第 8（见下图）。而在 2015 年加州 GDP 为 22870 亿美元，如果它独立，将是全球第 7 大经济体，相当于印度。而硅谷，就是整个加州的经济引擎。

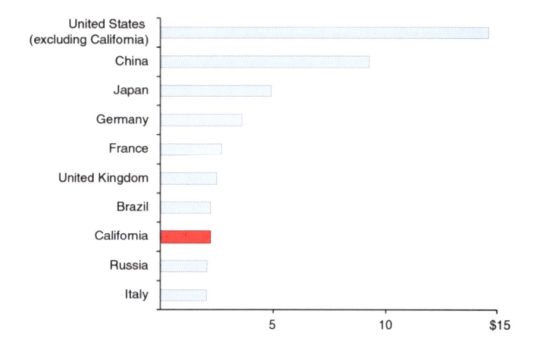

硅谷的"谷"

它是从圣塔克拉拉谷（Santa Clara Valley）中得到的。所谓的硅谷，并非是一个地理名词。它位于美国加州北部旧金山湾以南。再详细一点，是沿着旧金山湾南端 101 公路，从门罗公园（Menlo Park）、帕罗奥托（Palo Alto）经山景城（Mountain View）、桑尼维尔（Sunny vale）到硅谷的中心圣塔克拉拉谷（Santa Clara Valley），再到圣何赛（San Jose）的这条长约 50 英里的狭长地带。下图的上方红框是旧

金山,众多现代初创公司的聚集地,而下方就是硅谷。

在你爱上硅谷前,你首先会爱上它的气候。

地球上只有 2% 的土地拥有地中海式气候,它们都在沿海地区,例如西班牙、希腊、摩洛哥……硅谷一定是得到了上帝的眷顾,成了其中一员。这里全年的阳光明媚让人难以抗拒。以帕罗奥托(Palo Alto)为例,通常夏季凉爽,平均气温 20 摄氏度多一点;而冬季,平均气温 10 摄氏度左右。硅谷为什么难以被世界复制的原因有很多,但其无以伦比的气候,恰恰是最容易被忽略的最重要原因之一。

自 序

　　如果我们把硅谷历史的指针拨回到 20 世纪。你就可以想象，在一个世纪之前，阳光孕育下的"硅谷"还是一片农田、果树和葡萄藤。20 世纪初，圣塔克拉拉谷（Santa Clara Valley）又名"欢乐谷"，除了盛产西红柿、樱桃和胡桃之外，还出产了全世界 1/3 的梅干。

从"水果谷"到"硅谷"

　　美国西部淘金热成就了旧金山。随着圣塔克拉拉谷的铁路逐渐完善，这里已经成为当时全球最大的罐装食品和水果加工中心。家底殷实的富裕人家庭慢慢聚居到了这里。他们基本上都是因为淘金热和铁路系统建设而搬迁到了美国西海岸的，加州的橘色阳光除了给予水果甘甜，还赋予了这片土地自由创新的精神。

1909 年，西里尔 – 艾维尔（Cyril Ewell）就和他的团队研发出了首台美国造的电弧发射机。

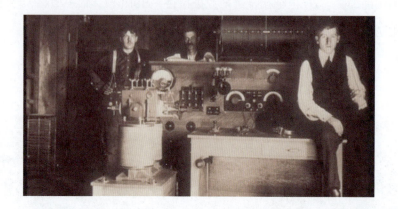

同年，查尔斯 – 哈罗德（Charles Herrold）在这里创造了全球首个无线广播电台。

到了 1912 年，无线电之父李 – 德 – 弗雷斯特（Lee de Forest）与联邦电报公司合作，发明了世界上首个无线电系统。

自 序

随着越来越多的大学兴建，无法满足学生们毕业后的职业发展的问题逐渐凸显。斯坦福大学教授弗里德里克－特曼（Frederick Terman）对于学生们毕业后总是到东海岸去寻找机会而十分不满，于是在学校里用闲置的空地进行不动产的发展，并设立了大量的项目鼓励学生创新，发展他们的"风险投资"。教授们开始和企业进行富有创见的实验及开发。同时，从那个时候开始，以创新为导向，允许失败的观念不断鼓舞着斯坦福的莘莘学子们，直到现在，大家都会认可斯坦福就是硅谷的心脏和大脑，而弗里德里克－特曼就是大家口中的"硅谷之父"。

在斯坦福大学第一批女毕业生中，有一位便是晶体管之父——威廉·肖克利（Shockley, William Bradford）的母亲。肖克利是独子，父亲是采矿工程师，麻省理工（MIT）毕业生，精通八国语言。在1936年，肖克利加入贝尔实验室的时候，那里已经是人才济济，贝尔实验室对高科技的贡献令人咋舌。你所知的射电天文学、晶体管、激光、太阳能、移动通信、UNIX操作系统、C和C++语言等理论和技术均出自贝尔实验室。1947年12月16日，改变历史的晶体管在肖克利领头的实验室里诞生了。晶体管Transistor由传（Transfer）和电阻（resister）合成，几年之后，人们发现硅比锗更适合生产晶体管。于是，硅就替代了锗，这便是"硅"谷的由来了。

而真正的硅谷诞生的标志，是仙童半导体的创立。而仙童的创始人被后人称为"叛逆八人帮"，均来自肖克利实验室。他们因为肖克利获得诺贝尔之后的极度膨胀、傲慢专横而感到失望。他们在两位银行家的资助下，创立了这个影响硅谷未来的"仙童"公司。

他们在一辆面包车上达成合作协议，准备展开一场电子工业革命。其中一位银行家科伊尔环视着这八人，掏出十张崭新的一美元钞票："协议没准备好，要入伙的，在这上面签个名！"于是，硅谷第一家

真正意义上由风险资本投资创业的半导体公司在帕罗奥拓成立了。

Courtesy of Special Collections, Stanford University Libraries

1960年代，仙童是半导体工业发展的源泉，以至于几乎所有硅谷半导体行业的重要人物都是从仙童走出的，他们被称为仙童的孩子。而作为仙童的主要负责人，诺伊斯的管理方式和肖克利截然不同。他摈弃官僚的习气，没有为公司高管保留的车位、没有豪华的私人办公室、没有公司内部的斗争、不以命令方式管理公司、激励员工主动工作。而这一切的创新及自由的精神，影响了一辈又一辈硅谷的孩子们。苹果创始人斯蒂夫·乔布斯也说："仙童是成熟的蒲公英，一经风吹，创业精神的种子就随风四散。"随后，苹果电脑、英特尔、微软……才相继诞生，直到后来才有了当时世界上最大的Google、EBay和Yahoo代表的互联网公司，另外，世界上三家最大的Web 2.0公司中的两家，YouTube和Facebook也在这里。从此，硅谷成为了全球创新的代名词，创新性互联网公司在这里遍地开花。

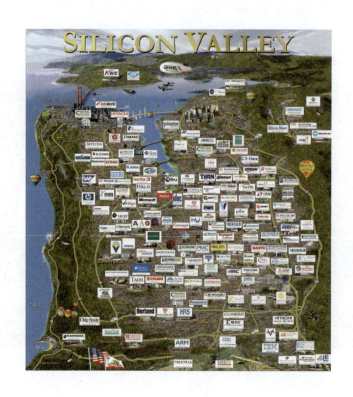

现在，在全球最大的15个独角兽公司（市值上百亿美元）的互联网公司中，有8家来自硅谷。每

天，都有无数富有洞见的创新在硅谷实践。这里聚集了全球最顶尖的互联网初创企业，如日中天，女性用户占到 75% 以上的号称全球最美的社交类应用兼电商 Pinterest。

也有正在全球流行的租房、旅行共享经济应用 Airbnb。

还包括全球即时用车软件 Uber 在美国最大的竞争对手 Lyft。

除此之外，在硅谷这个生产创新的圣地，还有数以万计的企图改变世界的初创公司。而每一个公司，都有充满洞察的商业模式思考以及产品形态值得分析研究。硅谷密探成立的初衷，就是希望将如此多的创新思维传递给更多的华人，让思维连接，让中国和硅谷连接。

硅谷密探

2016 年 6 月

硅谷密探的由来

硅谷密探的发起源自一个真实的自我需求。我在旧金山艺术大学学习网站设计与新媒体（Web Design &New Media）期间，像一个海绵一样迫切需要吸收更多案例及知识，需要更多地了解移动互联网产品的商业模式以及产品设计理念。我认为相关的资讯应该非常多，但当我真的开始寻找相关内容时才发现并非我所想象。因为大多内容都相对宽泛且点到即止，而我需要一个相对深度的分析，能够从产品设计、市场竞争及消费者洞察等角度进行相对详尽的剖析。既然没有相关机构做这样的事情，而我又正好身处硅谷，再加上之前十多年的品牌管理及创意经验，为什么不能自己做这样的事情呢？我将这样的想法告诉了我的工程师好友秦备，加上后来加入的Wallace，这样就有了硅谷密探的开始。

那么，硅谷密探到底能为你带来什么呢？

硅谷密探（www.svinsight.com） 目前是硅谷流量第一的华文科技媒体，包含读硅谷、看硅谷、听硅谷及去硅谷四个板块。

读硅谷： 以硅谷密探为IP，已形成全网覆盖的科技内容传播体系，包括网站、微信（粉丝近40万）、微博（10万+）、Facebook、腾讯公众号、今日头条（明星大号）、搜狐科技、百度百家、一点资讯、罗辑思维……

看硅谷： 我们与斗鱼产生直播战略合作，目前为止直播内容包括探访乔布斯的家，走进Google，Facebook，Berkeley……同时在线观看高峰真实数字达到20,000人。我们邀请硅谷CEO回答你的问题，并使用双语进行现场交流及现场翻译。访谈嘉宾领域已涵盖EIM、IM、比特币、VR+教育、VR+游戏、投资、Andriod桌面、智能供应链平台……

听硅谷： 我们与喜马拉雅合作的硅谷密探电台版已经上线。现在有"每周产品"及每日的"主播早报"两档节目。

去硅谷： 硅谷考察，帮助国内投资机构或互联网企业高层到硅谷进行深度访问。针对不同领域，包括AI人工智能、VR/AR、SAAS……精心酝酿每次行程。

硅谷密探CEO　李攀

2016年6月

目录

第1章 社交与移动协同 / 1

1.1 Periscope：王思聪的 17 下架了，还有什么在架上 / 2
1.2 Facet："旅游 + 短视频"正在撬动全球 60 000 亿美元海量市场 / 8
1.3 Musical.ly：上亿用户，华人主创团队，再次引爆全美 / 14
1.4 French Girls：让当代的达芬奇、梵高为你画一幅肖像画 / 18
1.5 Moxtra：硅谷下个独角兽，竟被 App Store 推荐了 1263 次 / 23
1.6 MailTime：硅谷兴起的全新邮件沟通方式 / 29

第2章 餐饮类产品 / 36

2.1 Munchery：从越南难民到掌管 3 亿美元初创公司，他让老美吃点好的 / 37
2.2 ChefsFeed：大厨眼中的大厨 / 41
2.3 CUPS：如何把卖咖啡做到极致 / 46
2.4 Lark：可以对话的减肥管家 / 49

第3章 工具类产品 / 53

3.1 MyScript Calculator：用手写重新定义计算器 / 54
3.2 Unroll.me：烦人的订阅和垃圾广告真的能一键清空 / 59
3.3 Paribus：史上最强省钱神器 / 63
3.4 Drippler: 为什么是年度手机必备 App / 67

第4章 互联网金融产品 / 71

4.1 Loyal3：听听纽约金融从业者聊金融产品 / 72
4.2 Stash：晓明 Baby 投资有一套，老美投资更有新花样儿 / 76

    4.3   Gusto：硅谷独角兽公司竟然上班不让穿鞋 / 82

    4.4   Coinpip：马云颠覆中国电商，这家伙要颠覆全球金融体系 / 87

第 5 章　共享经济产品 / 93

    5.1   DogVacay：让全世界照顾你的狗狗，爱犬寄养的 Airbnb / 94

    5.2   WaiveCar：洛杉矶的一家奇葩公司疯了，不收钱租车让你玩 / 99

    5.3   Wonolo：数据显示：34% 的老美已经放弃朝九晚五 / 103

第 6 章　教育益智产品 / 108

    6.1   Hopscotch：为什么这个教育 App 风靡硅谷 / 109

    6.2   Craftsy: 手工艺在线教育，收入 3 年翻 3 番 / 113

    6.3   Tinybop：在 143 个国家儿童教育应用下载量排第一 / 117

    6.4   Elevate：脑力训练翘楚 / 122

第 7 章　交通出行产品 / 126

    7.1   Filld：你用过 Uber 打车，可是你用过 Uber 模式加油吗 / 127

    7.2   Waze：被 Google 以 11.5 亿美元收购的地图应用 / 131

    7.3   BlablaCar：红遍欧洲，正如 Uber 之于美国，滴滴之于中国 / 135

    7.4   Skurt：在美国，居然出现了可以挑战租车巨头的产品 / 142

第 8 章　智能硬件产品 / 148

    8.1   Coin：思聪老公丢失的"黑卡"被硅谷团队营救了 / 149

    8.2   Spot：在美国每 15 秒就发生一起入室盗窃，用什么保护家庭 / 153

    8.3   Plantui：红点设计大奖，竟然种植不需要土壤 / 158

    8.4   Trivoly：只需一步便将所有手表变成智能手表 / 165

    8.5   FiftyThree：移动硬件新体验 / 169

    8.6   Vrse：在全球 VR 爆发前夕进入 VR 世界，居然只要 100 元 / 174

结　语　致最好的时代 / 180

第1章

社交与移动协同

说到社交产品,我们不可能绕开硅谷,世界上最大的社交网络 Facebook、职业社交 LinkedIn,还有最火的图片社区 Instagram,都诞生在硅谷。社交产品能积累大量的用户,只要有流量,则变现方式繁多。而对于社交网络来说,如何让用户保持黏性呢?那必须有优质的内容才行。硅谷密探将在这一章中介绍几个社交产品,包括通过做移动端直播吸引用户的,利用短视频与旅游结合来让用户生成优质内容的,也有让用户根据音乐录制小短片的,还有让用户上传人物照请人画肖像画的。除了轻松愉悦的社交外,其实职场社交结合协同办公类软件也是社交产品的一大战场,在这里我们会介绍美国 App Store 排名第一的 App(应用)。最后,则会带大家看一款利用邮件来做社交的产品,脑洞之旅即将开始。

精选案例:

- Periscope
- Facet
- Musical.ly
- French Girls
- Moxtra
- Mailtime

嘿，真人秀

1.1 Periscope：王思聪的 17 下架了，还有什么在架上

① 章鱼保罗不知道之前有没有算到国民老公的 17 会红得下架，这一度让很多抱着学术态度想下载研究的朋友很着急，急啊，急有什么办法呢？

② 密探能做的也只是告诉你，在 17 红得下架前有一个家伙已经红遍全球了，别急，你看！

什么是 Periscope

Periscope 是一款在移动设备上收看世界各地个人直播的 App，在收看的同时，也可以和正在收看的人即时聊天。

公司概况

成立时间：	2014 年
创始人：	Joseph Bernstein，Kayvon Beykpour，Aaron Wasserman
网站：	https://www.periscope.tv

融资情况

已于 2015 年 1 月被 Twitter 收购

（数据来源：crunchbase.com）

2

第1章 社交与移动协同

🔍 显微镜下看产品

① 打开 App 后，会有一段简短的 Periscope 介绍，看完以后，就可以准备开始啦。

② Periscope 是使用 Twitter 账号登录的，毕竟人家已经被 Twitter 收购了，哈哈！

③ 登录进来后，就可以看到地图了。地图上的红色圆圈代表所处位置目前有多少人正在进行直播，你可以看到世界各地的人的直播哦！洛杉矶、纽约和中部地区很是热闹。

④ 整个使用方式都非常简单：缩小地图，最终能看到全世界范围的主播；放大地图，你可以确定到更详细的地域信息。

⑤ 单击某个红色圆圈，就可以看到那个区域的影片列表，每一行的最左侧是直播截屏，中间是直播室名称和主播姓名，最右侧是当前直播室的观众人数。选一个你想看的，就可以开始收看即时的真人秀啦（这绝对是真的现场真人秀，没有剧本的）！

⑥ 在收看的同时，可以和其他观众一起给主播留言，或与其他人即时聊天。有时候主播也会根据活跃观众的留言与大家互动。而单击屏幕，右侧会弹出各种颜色的"爱心"标志，弹出的越多，说明观众点赞的越多。

⑦ 往右滑，你就可以看到主播的个人信息了，包括分享到社交网络的按钮，也可以在这里关闭聊天功能。

⑧ 回到主页，在导航栏最左边有一个小小的电视图案，单击它之后就可看到你所关注的人的列表了。可以随时看到关注的人是否在直播，有多少人在看，以及他们最近一共有多少录播节目。

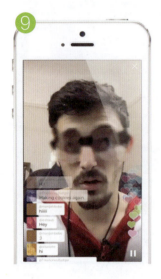

⑨ 这位小哥是 Periscope 上的红人，他在之前有一次直播，主题是"如何成为一个优秀的吸粉 Periscope 主播"，现场非常火爆，终于看到右侧原来能飘出如此多的"爱心"啊！

⑩ 讲完了怎么观看直播录播，现在来看看自己如何开启直播吧。导航栏的第三个按钮是一个像镜头的图案，单击它之后可用一段文字介绍自己将要直播的内容，然后按下"开始直播（Start Broadcast）"按钮就可以开始自己的真人秀了！

⑪ 直播结束后，你会收到一些统计数据，包括"是否保留"、"观众总数"、"已观看时间"、"时长"。Periscope 默认会保留你最近的几次直播，但不会永久保存。

⑫ 导航栏上最后一个按钮用来搜索主播，最上方是 Periscope 当下推荐的精选主播，而下方是最受欢迎的主播排行榜。可以看到：最受欢迎的是一个名叫"探索以色列"的主播，他会分享以色列的一些日常生活、秘密和真相，他介绍说自己在创业，也是个写手，感觉像是密探需要的人呢。

继续看市场

在线视频点播市场容量巨大,根据 Statista 调查公司的数据,全球视频点播市场在 2014—2020 年的增长量约为 60 亿美元,几乎是同期音乐流媒体市场增量的 4 倍!

Live Streaming(在线直播)又是在线点播中最热的方向。根据 MarketsandMarkets 公司的数据,2019 年在线直播市场的总量将达到 614 亿美元。

大家可能不知道在所有在线直播的内容中,即便视频巨头 YouTube 也仅占到 0.5% 的市场份额,流汗吧?可见市场容量之大!根据视频直播巨头 Twitch 的统计,在线直播的用户中高达 90% 是男性用户。

Periscope 于 2015 年 1 月被 Twitter 收购之后,仅用两个月就推出 iOS 版本,其简单的操作及流畅的风格一下子获得各方赞赏。截至 2015 年 8 月用户数量已经突破 1000 万。从 Twitter 收购来看,未来 Periscope 的定位会是另外一个视频版的 Twitter。

随着移动互联网网络带宽的不断增大,人们对于现场直播视频的需求将越来越大,人们不再满足于看 Twitter 现场文字新闻,还希望能直观看到此时发生了什么,让更多人了解并且关注此时此地所发生的事。

2015 年 9 月 9 日苹果发布会上发布全新升级的苹果机顶盒(Apple TV),随着这一产品的发布,苹果将启动电视端互联网生态系统,此时就需要更多流媒体直播应用来贡献更丰富、更多样的内容打造内容生态链,以供苹果粉们观看。Periscope 直播正好可以成为内容提供渠道。

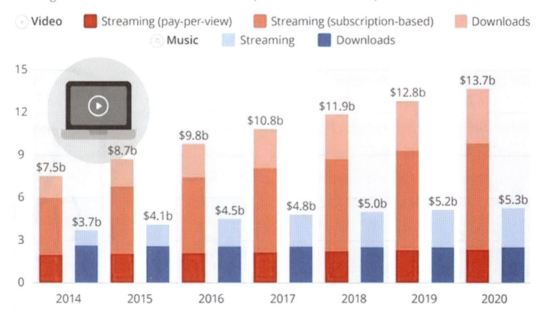

(http://www.statista.com/chart/3766/digital-video-revenue/)

商业模式

沃顿商学院法律研究和商业伦理教授凯文·沃巴赫（Kevin Werbach）认为："如果像播客一样，制作者的数量远少于观众，那么在屏幕底部刊登广告，或者面向流媒体视频制作者推出优质托管服务，或许会成为一种可行的商业模式。"

被收购，也是一条好的出路，例如 Skype 被微软收购，Periscope 被 Twitter 收购。

直播应用的赚钱渠道还包括从明星与粉丝互动时获得的收益提成，就如同 Meerkat 直播结束时会跳出一个支付按钮。

而收取订阅费又是一种模式，专门拨出音乐、比赛或教育等内容，如同 Livestream，让粉丝付费观看。

但对于社交媒体，最重要的还是关注用户黏性的问题，之后才是盈利的问题，切不可操之过急。

竞争对手

Periscope 最大的竞争对手就是流媒体直播应用 Meerkat，后者之前借力 Twitter 迅速积累用户，上线两周就获得 12 万用户。据 App Annie 统计，Meerkat 迅速挤进应用下载排名前 200 名。Twitter 收购 Periscope 之后，禁止了 Meerkat 使用其账户登录；虽然被禁止了，但依然没有阻挡 Meerkat 的高速增长，其用户数量仍然增长了 30%。现在 Meerkat 有 40 万用户，虽然不如 Periscope 那么多，但是没有到很惨的地步，仍以 5200 万美元的估值融资 1200 万美元。

Meerkat 刚开始推出时，依靠 Twitter 很快地吸引大批用户。Twitter 收购 Periscope 之后，通过暂停授权来牵制 Meerkat。目前 Meerkat 推出"你可能认识的人"和"领先者计分牌"两个功能帮助用户找到追随者，但是步骤相对较多并且建立社群链接速度慢。Meerkat 将针对未来用户增长和传播推出哪些新功能，将是未来发展的关键。

Periscope 提供重复播放功能。Meerkat 平台上的视频直播结束后，错过的用户则没有机会再次观看；但 Periscope 会整理在 24 小时内发布的直播影片档案，以供错过的用户观看，这一功能提升了话题传播率、观众触及率，并活跃了社群气氛。

为什么 Meerkat 和 Periscope 能火

从提供现场直播这一功能的应用来说,一直有很多,早在 2007 时就出现了相似的软件 Livestream 和 Ustream,但是为什么 Meerkat 和 Periscope 就能引爆市场而火起来呢?

密探认为主要原因有三个:

- **移动设备大量普及,网络带宽增加及资费降低**:进行线上直播有个关键因素是直播设备,而智能手机的普及,是提供用户进行视频直播的稳固基础。这几年持智能手机的人数不断增加,2016 年全球会有将近 20 亿人拥有智能手机,由于智能手机大幅降低了进行直播和及时观看直播的门槛,从而奠定了直播应用市场将快速成长的基础。

- **社交产品降低了获取用户的传播成本**:进行线上直播另一个关键因素就是需要有观众。Meerkat 和 Periscope 在前期发展阶段通过 Twitter 的账号体系获取了大量的用户,并且快速建立了产品知名度,Twitter 降低了此类产品获取用户的成本,通过 Twitter 分享之后,关注者看到分享的直播内容,通过转发又增大了受众用户数量。

- **大众对于视频内容的迫切需求**:过去这几年,Facebook、Twitter、Instagram 和 Snapchat 等,成了生活中不可分割的一部分。大家逐渐习惯通过文字、照片和影片等方式,来分享自己的生活细节或自我理念。随着网络的不断普及,大家更迫切地想去了解不同国家、不同地区此时此刻所发生的事,并且大众也逐渐愿意让更多人去关注自己当下的生活情况。

> 足不出户，玩遍世界

1.2 Facet："旅游+短视频"正在撬动全球 60 000 亿美元海量市场

对于一个旅行爱好者
判断一个目的地
是否值得前往的时候，
1000张ps的图片
也不如一段10秒的真实视频。

什么是 Facet

Facet App 是一个基于视频的旅行分享平台。每一个 Facet 就是一个 10 秒钟的小视频或者连续的视频片段，每一天全世界的探索者和冒险家们都会带你去世界上的每一个角落发现令人惊艳的地方。

公司概况

成立时间：	2015 年
总部：	洛杉矶
创始人：	Joe Perez, Larry Fitzgibbon, Steven Kydd
网站：	https://facet.com/

融资情况

A 轮：530 万美元，2013 年 3 月，Redpoint Ventures。

B 轮：1000 万美元，2013 年 8 月，Raine Ventures。

C 轮：2500 万美元，2014 年 6 月，Scripps Networks Interactive。

（数据来源：Crunchbase）

> 🔍 **显微镜下看产品**

首先来看看你在 Facet 上究竟能看到什么，不仅仅是一段段配上声音的短视频，更是：

- **人文**：巴塞罗那教堂前，游客和居民坐在台阶上，看着一位美丽少女表演杂技。
- **自然**：南半球临近澳洲的新喀里多尼亚，潜水的游客发布了他与鱼群亲密接触的视频。

另外，Facet 上还有关于当地美食、博物馆、艺术品店等相关特色景点的视频。和许多图片或者视频社交媒体一样，Facet 上也会有"红人效应"，许多优质的内容产生者会被 Facet 推荐，他们中的大部分人不是什么名人，有吃货，有玩咖，有潮人，也有小清新，或者就是爱分享的旅游爱好者。

Facet 的自白

① 打开 Facet App 后首先看到的是简洁的指导教程，随着一张张滑动的卡片，可以看到 App 推荐的各个方面的分类汇总，比如 Urban Exploration（城市探索），San Francisco（旧金山主题）等。关注感兴趣的分类汇总后即可在自己的主页看到他们上传的视频。

② 说明页强调了社交属性：连接全球的探险者和发现者。因而，在这里的红人，应该是真正能够挖掘出旅行中意想不到特色的游客，要有一双发现美的眼睛。看完这些介绍，就可以登录或者注册新的用户了。和大众 App 一样，Facet 同样提供了 Facebook 的用户接入口。

Facet 究竟该怎么玩

下面我们来介绍一下 Facet 的各个 Tab（标签），一共有 5 个标签页：用户推荐、探索发现、创建自己的视频、加入话题聊天，以及用户的个人主页。

① 用户推荐——可以从这里看到 Facet 为你挑选的一个探索者上传视频，没准在这里可以碰巧找到你的下一个旅游目的地！小"tip（窍门）"：在欣赏完小视频之后，单击一下屏幕就会自动跳到下一个视频。"抓拍下了冰岛这边 60 米高瀑布的奇妙日落！"这位朋友分享了一段能听到瀑布哗哗声的延时摄影。

② 探索发现——在这个页面中可以看到全世界各个地方的景点，分类依据包括目的地、流行项目、美食和不同的创建者。随便点开一个——Alaska（阿拉斯加），就能看到最上面有更细的分类（See、Do、Nature、Active Lifesyte 等），每一个分类下都能找到最真实的到访视频，类似 Pinterest，也是一种引导式搜索体验。探索发现页面的 UI 非常有特色，类似于 Apple Watch 的 App 选择页面。指尖滑动，分类图片从周边模糊到聚焦，不断激发你的好奇心。

第 1 章 社交与移动协同

③ 创建自己的视频——在用户同意 Facet 可以使用手机的摄像头、麦克风和相册之后,用户就可以拍摄自己的小视频来上传啦!操作是非常简单的,重要的是你能否对旅游有着真正的体验和感悟。

④ 加入话题聊天——这是 Facet 很有意思的一个功能,点开之后就进入一个聊天室,这有来自世界各地的人,还可以随时把视频传到聊天室里来,大家来自不同的地方,却因为旅游这样共同的兴趣聚在一起。同时在这个标签里,还可以看到一个排行榜,挑选自己喜欢的人点进去看看他的视频吧!

⑤ 个人主页——在这里你可以看到之前自己关注的 dashboard(分类汇总),还有自己上传的视频,好好收藏管理,你可以经常回来回顾所喜爱的短片,说不定也会成为工作、学习、娱乐的素材哦。

继续看市场

Facet 其实跨越了两个市场区块:旅游业和流媒体视频。众所周知,旅游业几乎是各行各业中最大的一个,总体量在每年 6 万亿美元上下[1]。

根据 Business Intelligence 的测算,移动端的旅游 App 在近 5 年中的发展速度非常快,而且迅速赶超网页端的旅游网站。而在整体的移动应用的盈利构成比例中,旅游类的应用所占份额也日益增大。

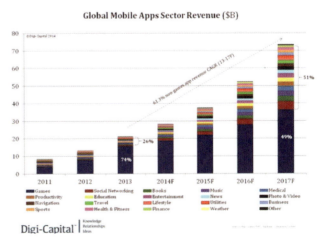

[1] 来源:http://www.businessinsider.com/the-mobile-tourist-how-smartphones-are-shaking-up-the-travel-market-2013-1

而流媒体视频市场也在过去的几年中突飞猛进。根据 BI 的数据，到 2019 年时流媒体视频的流量将占到 50% 以上移动用户的数据流量，而这个数字在 2013 年时是 40% 左右，从 2013 年到 2019 年，加上整体手机数据流量的增长，移动流媒体视频的数据使用量增大了 13 倍。[1] 而从流媒体视频在不同地区的市场来看，亚洲市场增长最快，体量也最大。[2]

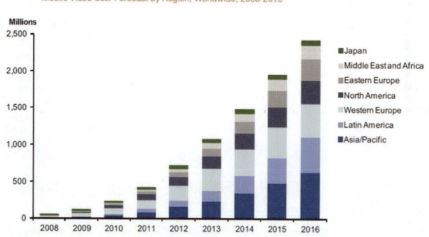

商业模式

在移动旅行类 App 中，除了少数可以通过门票及商户的预订服务获得一些收入外，其他的移动旅行类 App 基本上没有收入或者暂时没有考虑盈利。虽然对于这一领域中的创业公司来说，积累用户或许是当务之急，但可以预见 Facet 的商业模式有以下几点：旅游广告、流量变现、旅行途中基于用户位置的广告推送模式。

竞争对手

（1）TripAdvisor

成立于 2011 年的 TripAdvisor 是全球最大、最受欢迎的旅游社区，也是全球第一的旅游评论网站，为用户提供及时可信的全球化旅游信息、周到客观的酒店评论、酒店索引、酒店选择工具、酒店比价搜索，以及社会化的旅途图片分享、视频上传和在线驴友交流等服务。

TripAdvisor 在 Facebook 发布了一款叫本地推荐（Local Picks）的 App，这款 App 通过汇总当地居民和 Facebook 好友的评价，为游客推荐最适合的餐馆。

---

[1] 来源：http://www.streamingmedia.com/Articles/Editorial/Featured-Articles/The-State-of-Mobile-Video-2015-102722.aspx
[2] 来源：https://lcolumbus.files.wordpress.com/2012/08/mobile-video-forecast-by-region-wordlwide-2008-20161.jpg

Local Picks 覆盖了全世界超过 85 万家餐馆，从 TripAdvisor 上百万食客评论和意见中收集数据，尤其看重当地居民和朋友们的贡献。Local Picks 的每个餐馆都有一个介绍页，评级系统在 1~5 分之间，这个评级系统旨在通过知道本地区哪家店最好的当地居民，将地点附近最好的餐馆和所谓"隐藏的宝石"发掘出来。

每月独立访问量达 3.4 亿人，同时拥有超过 7800 万的注册会员以及超过 2 亿条旅游点评和评论，并且数量还在不断增加中。旅行者的真实评论是 TripAdvisor 最大的特点。

(2) Pinterest

Pinterest 是一款基于兴趣的图片分享、收藏和探索应用。现在，又推出了分享视频和 GIF 动画的功能。Pinterest 本身具备非常强大的搜索功能。譬如，搜索"纽约"、"旅游"，你就会找到与纽约有关的精美景色图片，如中央公园的航拍、帝国大厦的夜景图等；而如果在搜索里再加上"向导"、"视频"这类关键词，你会找到同样优质的视频攻略，譬如下图这个叫 Taza 的姑娘，就制作了大量精美的城市景点导游短视频放在 YouTube 上。

因而，对于 Pinterest 的忠实用户，他们是否会愿意再去安装一个 Facet 查看旅行和吃喝攻略还不好说。不过，由于潜在用户比较接近，Facet 在 Pinterest 上做推广倒不失为一个好途径。

> 火遍全美的音乐短视频

1.3　Musical.ly：上亿用户，华人主创团队，再次引爆全美

① Emily 的大学生活充满分享

② 用 Instagram 分享美食

③ 用 Snapchat 分享秘密

④ 用 Venmo 分享账单

什么是 Musical.ly

Musical.ly 是一款微影片的社交平台，这款 App 可以让你将音乐和声音效果添加到你的影片上。可以选择你喜欢的音乐，配上一些动作或是镜头效果。录好影片后，分享影片到 Instagram、Facebook 和 Twitter 上。

第 1 章 社交与移动协同

公司概况

成立时间： 2014 年 4 月
总部： 旧金山，在 App Store 上被推荐 1 次
创始人： Alex Hofmann，Alex (June) Zhu，Luyu Yang
网站： http://musical.ly

显微镜下看产品

① 在看完 Musical.ly 的介绍后，就会来到登录页面，可以选择用 Facebook、Twitter 或是 E-mail 来登录账号。

② 登录之后，就会来到追踪使用者的页面。在 Musical.ly 中只要你想"秀"，人人都可以是明星。

③ 接下来就会来到主页。在这里可看到别人录制的影片，正上方是歌的名称，右上角是歌的专辑封面，右边是演员的大头贴。如果你喜欢这个影片，可以送爱心支持一下演员，若有什么想跟演员说的话，可以单击对话框的按钮，将想说的话留给演员。

④ 单击一个演员的大头贴后，可以看到这个演员的所有影片，也可以看到这个演员有多少粉丝。在画面中间有一个深蓝色的相机图标，单击进去后，会直接链接到演员的 Instagram。

5 回到主页，在搜索页面里，可以看到各种不同的搜索类别，可按最受欢迎、最多人订阅及使用歌曲来搜索。

6 继续往下拉，可以看到哪些歌是最多人使用的。

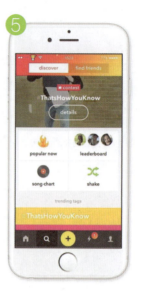

7 在寻找朋友的选项里，可以看到 Musical.ly 推荐订阅的演员，可以用名字进行搜索。

8 在主页面里，可以看到自己的资料，如订阅了哪些人、喜欢哪些影片，同时也可以看到有几位粉丝。

看完使用教学，现在来看看我们要怎么拍影片吧！

1 选择你想搭配的音乐，可以在 Musical.ly 提供的音乐里选择，也可以从自己现有的音乐里挑选。

2 抓一抓头发就可以准备开始录影片了。录好影片后，可以选择上传到 Facebook 或 Instagram。

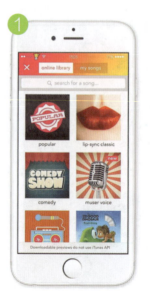

继续看市场

像 Musical.ly 这类的 App，属于视频后期制作服务。根据 IBISWorld 2015 年 9 月的最新数据，该类应用的全球市场总容量约为 60 亿美元；而年增长率并不高，只有 0.7%。随着视频加工后期制作移动 App 的迅速普及，原有的以专业视频后期制作为主的大厂商垄断格局被打破，去中心化、分散化日益明显。最新的统计显示，视频后期制作软件排名前三位的巨头一共占领的市场份额不超过 25%。

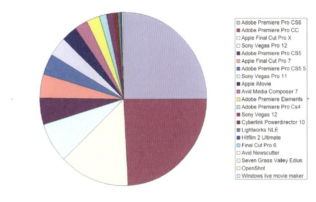

在制作视频后期的 App 公司中，85% 以上的都是规模小于 9 人的创新公司，而规模大于 500 人的公司只占到整个视频后期制作软件行业总体规模的 0.9%。由此可见，雨后春笋般涌现的新型视频编辑软件的创新公司对传统的专业视频软件的冲击是多么巨大[1]。

竞争对手

（1）Vine

Vine 也是一款短视频社交应用，用户量在亿万级别，成立的时间要早于 Musical.ly，用户群体也主要定位为青少年。其主色调是绿色的，正好与 Musical.ly 形成了鲜明的对比。

在形式上，两者有区别，Vine 是 6 秒的短视频；Musical.ly 会更长一些，在 15 秒的样子。而在内容上，Vine 更多元化一些，包括搞笑、音乐、走秀等短视频内容；Musical.ly 则主要针对音乐短片。

（2）Smule

Smule 是一款手机端的卡拉 OK 应用，在音乐社区类的 App 中也是独树一帜。类似于国内的唱吧，Smule 可以让用户搜索喜爱的歌曲，并且提供和卡拉 OK 一样的使用界面。在放声歌唱时，App 会记录自拍、你的歌声，也能够可视化地看到与原唱的声线对比。

Smule 与同类 App 最大的差异化是在唱歌的同时加入了自拍。可以看到和分享自己唱歌时的神态，这样的视觉元素会使用户更愿意在这款应用上进行社交，包括可以在 App 上找到全球与你合唱的朋友。现在就开始尝试和地球另一端的朋友合唱一首《广岛之恋》吧！

Vine　　　　　Smule

[1] 来源：http://www.ibisworld.com/industry/default.aspx?indid=1247

> 我的肖像，当代画家来创作

1.4 French Girls：让当代的达芬奇、梵高为你画一幅肖像画

在全世界的当代艺术家面前，你希望被创作成什么样子？

❶

❷

什么是 French Girls

简单地说，French Girls 是一个让你的照片变成一幅充满艺术感的肖像作品社区。当然，你也可以动动手指，为别人的照片进行创作。

公司概况

创始人： Adam J. Ceresko Co-Founder，CEO；Kristopher B. Jones Co-Founder；Andrew Herman Co-Founder

公司总部： 旧金山

融资情况

French Girls 目前共融资 68.5 万美元。第一轮融资后，公司估值约为 214 万美元。

🔍 显微镜下看产品

① 在主界面最上端可看到当代艺术家们。

② 发现页是各路艺术家各显神通的地方！可以看到其他人的自拍和艺术家创作的肖像画。

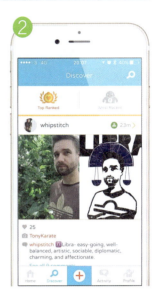

③ 跃跃欲试的你一定想知道该如何创作吧？选择已有创作或者绘画！

④ 如果你选择的是绘画，则在第一次使用时，它会跳出简单的教程。单击上面图片中想要画的照片，不一定是你自己自拍的，也可以是别人的。

⑤ 单击对号就可以开启你的艺术之旅了。单击画笔，可以选择画笔的型号。

⑥ 单击挂锁的小人，会跳出以下需要付费的项目。

第1章 社交与移动协同

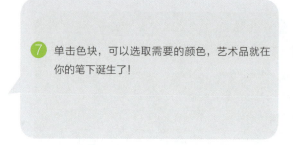

⑦ 单击色块，可以选取需要的颜色，艺术品就在你的笔下诞生了！

继续看市场

根据 Statista 咨询公司的报告，截至 2015 年 3 月，智能手机用户用共享照片或视频功能建立联系的平均天数为 81 天。

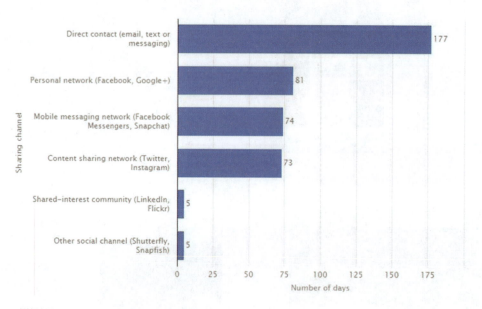

（数据来源：http://www.statista.com/statistics/446565/us-number-of-days-smartphone-owners-share-phots-videos/）

根据 KPCB 的分析员 Mary Meeker 估算，在 2014 年，每天有 18 亿张照片在线上被分享。单独 Instagram 一个社交网络每天就有超过 8000 万张新照片产生。诸如 Facebook、Instagram、Pinterest 等各种类型的社交应用，也都牢牢掌握着大量的黏性用户。而作为可以产生优质图片内容的 French Girls，正是希望通过互相画像的方式来建立陌生人社交，同时又帮助你能够在社交网络上有更多个性化展示的机会。

第 1 章 社交与移动协同

Daily Number of Photos Uploaded & Shared on Select Platforms, 2005 – 2014YTD

（数据来源：https://blog.sysomos.com/2015/12/14/unleash-the-power-of-visual-social-media/）

商业模式

French Girls 双向收取费用：一方面向发布照片者收费，另一方面向专业画家收费。

向照片发布者收费有 3 种方式：

- 花费 0.99 美元把个人照片放置在所有图片最上端，可获得更多的被画机会。
- 花费 19.99 美元请专业画家来画个人照片。
- 免费，头像让所有人都可以来画。

向专业画家收取费用：画家需要在 30 天内绘制出任务画作。如果 30 天内没有绘制，费用将退还给发布照片者；如果绘画完成，交易成功，French Girls 从成交费用中收取 5 美元用于 App 各方面的运作成本。

French Girls 还出售各类品牌附加产品，如贴纸、T 恤、抱枕等。

竞争对手

（1）FaceQ

FaceQ 即脸萌（MYOTee），是之前在我国火过一段时间的"萌萌哒"头像 App。脸萌可以让你非常简单地绘制出自己或朋友的卡通半身像作为社交的头像。使用者可以选择头像各个细节的不同造型来进行搭配，包括头型、发型、肤色、五官等。

French Girls VS FaceQ：

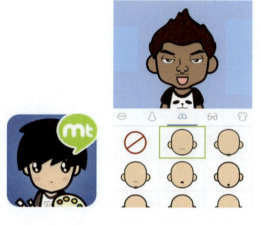

- 脸萌是对自我和周边朋友的理解和阐释，许多制作出来的头像都形成了习惯性思维。由于脸萌的造型有限，创意性有限，用户与用户之间的交流不能长期维持等问题，脸萌仅昙花一现，转瞬即逝。

- French Girls 则是陌生人与陌生人之间的交互，可以任意画出陌生人的第一特性，完全不必拘谨，许多是创意恶搞。French Girls 也有大量的专业艺术家参与其中，在一定程度上提高了绘画的艺术性和质量。French Girls 最大的特色就是将照片原图与创意绘画图对比，大大增加了趣味性。

（2）Toon Face Maker

Toon Face Maker 是自绘美式涂鸦风格的头像 App。App 内有将近 500 种出自专业漫画师之手的素材，提供脸部五官细节的不同涂鸦造型。整体画风夸张又有趣，而且重点在于这款应用的使用者并不需要拥有任何美术绘画基础，只需要用手指点选、拖曳这些素材就能轻松完成栩栩如生的卡通头像。画家就是用户自己，所以制作出来的头像都是独一无二的。

French Girls VS Toon Face Maker：Toon Face Maker App 是需要付费的，但价格不高，只有 0.99 美元。虽然它的素材库很广，但是如果要长久生存，也要寻找出一种让使用者与使用者之间、使用者和阅览者之间、阅览者与阅览者之间交流性更多的途径。

> 超级协同办公

1.5　Moxtra：硅谷下个独角兽，竟被 App Store 推荐了 1263 次

Next Unicorn
坦白讲
以下任何一个协作办公应用
都有机会成为硅谷下一个
独角兽

超级沟通 | Super communication

在和一群竞争对手共同与客户见面的 5 分钟后，Amy 就拿到了年度创意代理合同。因为在客户解释需求的同时，她直接用手机把 PPT 进行了调整，并在手机上边画边语音讲解；会议结束后的 2 分钟，竞争对手还在思考如何取胜，而她，已经胜出。

超级会议 | Super Meeting

在一个突发的全球营销会议前，运营总监 Sean 在湖中心和女儿划船，市场总监 Jacky 手边的笔记本没电，外出的高管 Lily 身边只有一个 iPad，结果视频会议照常准点进行。

超级管理 | Super management

合作谈判举步维艰，对方要求减少 3% 的经费让 Young 为难。他在手机聊天记录中反复观看他们的聊天视频记录，最后，他通过仔细观察对方的一个细微表情而做出关键的决定。他的坚持让公司增加了 4000 万美元的净收益。

如果，再把这些超级功能都集中起来呢？

什么是 Moxtra

Moxtra 是一款基于项目的团队沟通和协同办公软件。作为市场上最全面的跨平台、一站式协作软件，它让你和你的团队，可以在这里进行随时、随地、在随意设备上的实时沟通协作。你想象中办公软件应有的功能，Moxtra 都具备：群聊、云存储、云笔记、录制屏幕、即时聊天、远程会议、项目管理、多设备同步文件等。无论你用的是 iPhone，Android，iPad，还是 Windows PC，Mac，或者只是打开了一个网页，你都能无障碍地与各地的团队成员沟通协作。而且，Moxtra 开放 SDK 和 API 给第三方使用，已有垂直服务的企业平台或移动应用能够轻松升级，嵌入协同办公和实时沟通功能。根据 App Annie 的数据，Moxtra 当前在美国 App Store 上，位列项目协作类别第 1；其 iPhone 应用在 iTunes 上被推荐 1263 次。市场上，已经有不少企业和应用软件在使用 Moxtra 的 API 和 SDK，其中包括南美最大的 ERP 公司 Totvs 和中国著名通信公司 ZTE。

公司概况

成立时间：	2012 年 5 月 10 日
总部位置：	旧金山
创始人：	来自前网络会议及协作公司 WebEx 的创业团队 Subrah Iyar，黄河（Stanley Huang）
网站：	http://www.moxtra.com

subrah　　stanley

融资情况

A 轮： 2013 年 9 月，1000 万美元（本轮的投资方包括思科、日本电信运营商 KDDI、Starwood Capital，以及创新工场）。

B 轮： 2015 年 2 月，1000 万美元。

第 1 章　社交与移动协同

🔍 显微镜下看产品

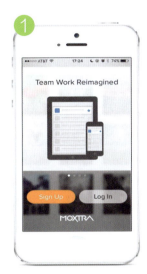

① 启动 Moxtra，就能看到他们的 Slogan（标语）——"Team Work Reimagined"（重构你的协同工作），意在让你能够最自然高效地与团队沟通协作。

② 注册流程非常简单，只需输入姓名、邮箱和密码即可，而在搜索添加好友的时候就是使用邮箱。

③ Moxtra 的项目承载容器称为 Binder（活页夹），创建一个活页夹很容易：只需添加合作者即可。之后就可以使用 Moxtra 强大的协同工作组件，从标签上看，分为群组聊天（Chat）、活页夹文档（Pages）、待办任务（To-Do）、远程会议（Meet）。

④ 在群组聊天中，你可以感受到所有的交流工具，都会像微信那样简单易懂，使用流畅，几乎没有学习成本。

⑤ 群聊中产生的共享文档、视频流等都会被汇总在活页夹文档（Pages）中，也可安全存储到云端成为团队永久的资料库。从此，再也不需要有个秘书将一个个文件、图片、视频、扫描件、PPT 手动放置到同一个文件夹中，也不怕谁冒冒失失把重要资料删除了。

密探提示

Moxtra 可以连接各色 App，如 Salesforce 这样的 CRM（客户关系管理）系统，你只要设置提醒，就可以自动获取一些报告和数据了。可见，Moxtra 对于各类企业服务是有集合作用的。

⑥ Moxtra 还提供了待完成任务表（To-Do List）的功能，对于每一个员工来说，可以记录和提醒自己的任务；对于经理和高管来说，可以更好地指派项目给团队成员并进行管理。

⑦ 有特色的是，在 Moxtra 中，你可以在任何内容（PPT、PDF、Word 文档）上做评论批注。怎么理解呢？就是可以在 PPT 上面写写画画，用语音告诉其他人员这边要加些什么，那边要调整多少，同时这些屏幕上的操作和你的语音都可以被录制下来直接保存在群组聊天中。

⑧ 你肯定遇到过，开会的时候，怎么都描述不清楚问题所在。但是，如果用 Moxtra 开会，你可以共享屏幕，找出会上正在讨论的文件，在上面直接做修改批注，参会人员就能很具体、形象地明白你要表达的意思了。更重要的是，所有会议过程都可以录制、存储下来。

⑨ 神奇的白板功能：可以用不同颜色手写，直接画箭头，画图像，输入文本；如果有操作失误也没关系，可以撤销，也可以用"橡皮擦"擦掉。还有，给大家再看看 Moxtra 在 iPad 上的样子，另外，电脑上也是类似的，如果要使用视频功能需要装个简单的插件。

密探提示

还是要强调一下，Moxtra 并没有把他们如此完善的系统藏着掖着，他们开放服务 API 和 SDK 给第三方使用。这样，任何企业平台和移动应用都可以轻松嵌入强大的聊天系统和协作系统。无论是对于传统企业互联网转型，还是对于需要这样功能的初创企业来说，开发时间和成本都会降低，可以让你把更多的精力放到做市场和运营上啦！

embed power messaging

Offer an integrated, meaningful, and engaging collaborative experience in the context of your own brand. Moxtra works seamlessly inside your app.

accelerate time to market

Get immediate access to a full suite of collaboration features. Moxtra SDKs are easy to integrate, and we manage all the backend complexity for you.

maintain pricing flexibility

We offer an adaptive revenue model that aligns with your needs. Whether you create freemium or paid apps, we have options to fit your business model.

继续看市场

现在，人们越来越多地想要更好、更快捷地完成协作工作。像 Moxtra 这类的在线协同工作软件通常被称为 Global Enterprise Social Software（ESS）。根据 Market Watch 公司的估算、全球的 ESS 市场总量在 2014 年约为 47.7 亿美元，预计到 2019 年会猛增到 81.4 亿美元，复合年增长率达到 11.3%（http://on.mktw.net/1ywlY1k）。而根据 IDC 的报告，企业级协同工作软件到 2016 年的年度市场增长率大约是 61%（http://bit.ly/1HtXVz4 ）。

同时 Moxtra 也可以被归类到在线视频会议类工具（Web Conferencing）。根据 Frost&Sullivan 公司的报告，这类产品的全球市场总销售量在 2012 年只有 19 亿美元，而在 2017 年则将突破 28.8 亿美元，复合年增长率达到 9.8%（http://www.frost.com/prod/servlet/press-release.pag?docid=288757842）。

Global Industry Analysiste 公司的行业报告则指出，到 2017 年，在线视频会议的全球总市值将达 140 亿美元（含周边产业）。由此可见，在线视频会议以及企业级协同工作软件的市场潜力真的不可小觑。

商业模式

通过之前的介绍，大家应该已经了解到 Moxtra 主要提供了两个方面的服务：一个是他们的协同办公软件本身；另一个是他们开放了 API 和 SDK，供第三方开发者将 Moxtra 提供的服务嵌入到自己的产品中。就像 Moxtra 官方所说，所有的产品都可以成为一个协作软件。在 Moxtra 不断完善的过程中，他们会推出一个收费的高级版本，这个版本将开放 Moxtra 所有的在线功能，与此同时现在的免费版本里面的功能就会被缩减。另外，针对开放 API 部分，Moxtra 会根据调用 API 产品的用户使用量来收取费用；其他与调用 API 相关的服务，比如后端的存储，Moxtra 也都可以通过提供一站式服务来获得利益；如果有企业需要 Moxtra 的专家为其量身定制互联网化、移动协作化的服务，这也将是 Moxtra 的盈利模式。

竞争对手

可能大家很熟悉三个发布时间比较早的热门协同办公软件：Slack、HipChat、Flowdock。下面先来看一下 StackShare 根据用户的反馈对这三个产品所做的简单对比。

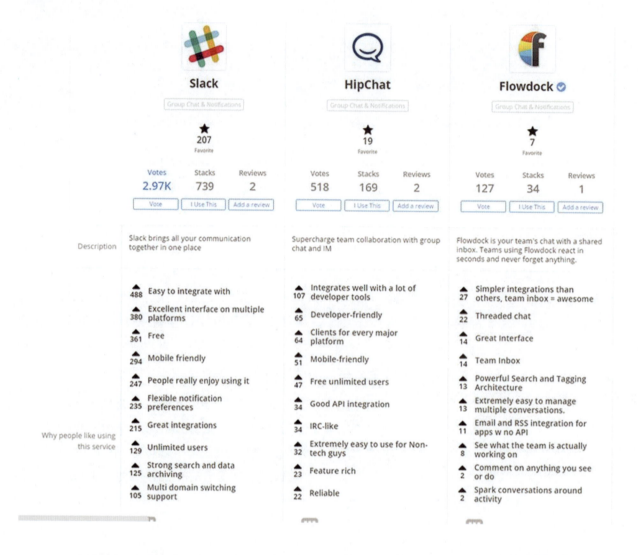

现在用获得用户好评最多的 Slack 来和 Moxtra 做一个简单的对比。

根据上图对 Slack 的介绍，它的主要目的和功能是想要把同一个项目里面协作的所有人的沟通汇合到一个平台，和自己的项目合作伙伴在 Slack 上面创建一个通道，不需要再向群体或者定向发送 E-mail，也不用再依靠线下的语音或者视频的会议电话以及其他的交流方式。与此同时，在 Slack 的交流平台上可以很简单地分享很多来自第三方的文件，比如 Dropbox，如果你一直为整合交流中的各个信息来源而花费太多的时间烦恼，那么 Slack 是绝对值得一试的。

说回到 Moxtra，首先它有几点功能是其他协同软件不具备的：其一是能够在文档上加标注和评论；其二是可以通过录制屏幕操作及同时录音来解释复杂问题；其三是可以进行实时的视频会议共享屏幕。Moxtra 呈现的聊天形态、自然语言表达这样的特色，以及一站式、跨平台的实时沟通协作能力，无疑在移动端会更胜一筹。因而，销售和技术支持，设计师和产品经理，客户和项目负责人，异地沟通方案和设计文档会变得轻松自然。

值得一提的是，作为一个协同办公的软件，Moxtra 开放的 API 以及可以把每一个 App 转化成协作 App 的出发点和服务，在很大程度上扩展了一个软件对于整个行业的贡献。传统企业或新兴垂直领域的企业，去完成互联网+，去建立团队沟通协作平台，将变得前所未有的轻松！

> 像短信一样发邮件

1.6 MailTime：硅谷兴起的全新邮件沟通方式

Peter，关于银河系下一个五年的经济发展规划，请发一份正式邮件给我吧。
Sun, Oct 11 11:26PM

好的，所有内容就10个字："大力提升GDP"
Sun, Oct 11 11:27PM

呃，不要聊天记录，我是说发一份邮件。
Sun, Oct 11 11:28PM

亲爱的Paul，这就是一份邮件了。
Sun, Oct 11 11:28PM

什么是简信（MailTime）

简单来讲，简信（MailTime）是一款通过改变收发邮件的界面而将收发邮件重新界定为即时通信工具的应用。它把烦人的邮件变得像短信一样简单。

公司概况

成立时间： 2013年3月20日

创始团队： 原Talkbox团队。CEO是黄何 Heatherm Huang；CTO是Gary Lau；CMO是Charlie Sheng。

地址： 旧金山

融资概况

2014 年 1 月至今共融资 300 万美元，投资人包括真格基金、Crystal Stream Capital、Gary Rieschel、丹华资本、和玉投资 Magic Stone 等。

显微镜下看产品

① 开启程序后就会出现常用的邮箱，例如：Google 邮箱、iCloud 邮箱、Outlook、Office365 邮箱、Yahoo 邮箱、AOL 等常见邮箱，其中最让人眼前一亮的是里面有腾讯 QQ 免费邮箱、腾讯企业邮箱和 126、163 邮箱。

② 可以设置连接一个邮箱，也可以设置连接多个邮箱。添加常用邮箱之后，用户就会看到邮箱里的内容，邮件上面有两个标签：一个是"重要邮件"标签，另一个是"全部邮件"标签。在没有使用前，所有邮件在全部邮件标签内。

第 1 章 社交与移动协同

③ 若需查看促销、推广等订阅邮件，亦可从"全部邮件"中找到。向左滑动，会出现归档和废纸篓。

④ 向右滑动，会出现标识为未读的邮件。

密探提示

重要邮件标签是通过深度学习用户的邮件信息习惯，自动从杂乱的收件箱中找到真正需要查看的"重要对话"，所以随着密探的试用，经常联系的邮件就被智能识别出来，被分到重要邮件内。

⑤ 撰写新的邮件时，可选择收件人、抄送和密送。

⑥ 编辑正文时，如果你需要修改收件人，点击右上角"…"图标，可以对收件人、抄送和密送进行快速修改。

⑦ 编辑修改邮件标题。

⑧ 在撰写邮件或者转发邮件时，可以像在群聊里面一样，去"@"你想提醒的人。余下的三个按钮分别是添加照片、导入 Dropbox 或者其他具有云储存功能的应用里面的文件。

在介绍完界面和基本功能后,密探要介绍几个该应用独有的功能。

① 首先,它以短信聊天对话泡泡的形式来展示邮件的内容,和老板之间收发邮件,至少在形式上,会变得和美女聊天一样有趣。

② 其次,它具有字数提醒功能,在撰写邮件正文内容达到一定字数时会发出提醒,免得发出冗长的求职邮件而被 HR 讨厌。

③ 再次,它可以将邮件作为任务,委派给其他同事。

④ 最重要的是,简信并不强求收信人必须使用简信来接收它发出的邮件,和不会玩最新潮应用的老爸老妈之间收发邮件也可以一秒钟变聊天哦。

⑤ 细心的处女座同学可能已经发现,在收信栏界面是不对称设计,在右侧有一条"小灰灰"。

⑥ 其实小灰灰里面大有玄机,点击小灰灰任意位置,你可以得到简信团队独门小技巧。

第 1 章　社交与移动协同

⑦ 如果来自处女座的你还是不满意的话，可发送邮件至 Support@Mailtime.com，给予他们团队"最严厉的表扬"，哈哈！

继续看市场

即时通信（Instant Messaging）已成为现代交流沟通不可缺少的一种联系方式。即时通信基本上分为四个模块：公共即时通信网络（Public IM Network），企业即时通信平台（Enterprise IM Platform），即时通信管理和安全供应商（IM Management and Security Vendor），移动通信（Mobile Messaging）。在全球化不断迈进的过程中，即时通信也在快速增长。根据 Radicati 公司的报告，世界即时通信的账户将从 2015 年的 35 亿户增长至 2019 年的 38 亿户，基本上以每年 4% 的增长速度在增长（此处数据不包含移动通信账户）。

Figure 1: Worldwide IM Accounts*, 2015-2019

在四个模块中，移动通信增长速度是较快的。2014年移动通信就创造了2510亿美元的商业价值，在2014 – 2018的时段，Portio Research 预估这部分的商业将产生1.279万亿美元的收入。在目前的市场中，WhatsApp、Facebook Messenger、QQ Mobile 和 WeChat 成为全球市场上最受欢迎的移动通信应用。从即时通信的市场需求与移动通信业务的未来业务扩展空间来看，MailTime 依然有很强的可发展空间。

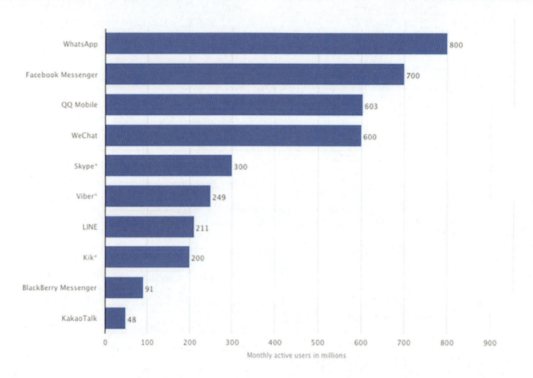

我们再来看看 E-mail 市场容量有多大：

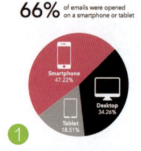

66% 的 E-mail 是在智能手机或者平板电脑上打开的

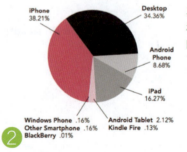

其中 iOS 和 Android 移动设备是用量最大的终端类别

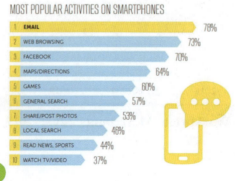

而在智能手机上最受欢迎、使用频次最高的操作就是 E-mail 了，高达 78%（根据2013年的数据）。

第 1 章 社交与移动协同

商业模式

MailTime 有两个版本：完全免费版本和专业版。在资费上，专业版的费用为 2.99 美元。两个版本在大致功能上没有任何的区别，唯一不同点在于可导入邮箱的数量：免费版本有 2 个邮箱的限制；而专业版则完全不限制邮箱账户的数量，给用户提供最有效的信息处理体验。盈利方面，此应用走的依然是低价亲民路线，以低资费模式在数量上取胜，普及更多的用户。

专业版　　　免费版

竞争对手

Facebook Messenger 与 WeChat 是 MailTime 最强有力的竞争对手。时间长度和最强的社交网络平台基础是这两个应用得以快速普及的主要原因。从右侧的简易对比表格就可以发现，从 2011 年起 Facebook Messenger 与 WeChat 都已在市场开始使用，均有 5 年左右的市场累积，而 MailTime 在 2013 年才开始进入市场。

在用户组成方面，Facebook Messenger 设置为 Facebook 本身自带的功能，基于它极高的世界普及率，近一年的月使用者达到了 7 亿用户。而微信凭借其多样性的功能和 QQ 账户的关联性也在 2015 年第二季度突破 6 亿用户。强有力的用户忠诚度与早期的市场占有率，让这些应用一直很稳定地发展下去。

通信产品	发行时间	用户组成	功能区别
Facebook Messenger	2011	Facebook 注册用户	文字信息与表情
WeChat	2011	QQ 注册用户，手机与直接注册用户	文字信息，语音信息，实时对话，文件共享与实时事件共享
MailTime	2013	手机应用使用者	文字信息

MailTime 独特的信息，简洁高效的特点，快速地渗透进入生活和工作，并与他人联系不受这个应用本身的限制将是它自己最强的竞争力。Facebook Messenger 与微信都有应用本身的制约性，通信的建立必须在双方都有一样的应用时才可实现。而 MailTime 规避了这个缺点，利用邮件和手机短信模式相结合打破了惯有的联系模式。对于 MailTime 来说，不够强大的用户连接网络是它目前较大的困难。

第 2 章

餐饮类产品

中国是世界美食大国，说到吃，国人都会滔滔不绝，全国各地的餐饮行业也是一派欣欣向荣。而在美国，人们对于饮食的理念会有些不同，更偏重于健康、快捷。你或许已经见识过国内一片O2O送餐和点评团购的App，烧钱，烧钱，烧钱，是这些公司发展不变的话题。那么，硅谷密探要带来的是美国优秀初创公司对于餐饮类市场的思考。本章所介绍的产品覆盖了这一行业的多个方面：有一款将生鲜外送和熟食配送完美整合在一起的应用；一款只由大厨进行菜品推荐的非主流点评网；还有将零散的咖啡店整合起来，为用户提供更便宜咖啡的小而美应用；而最后，看了这么多让你可以吃的更好的产品后，我们会推荐一款帮助减肥的智能应用。那么，跟随密探一起探索这个令人流口水的领域吧！

精选案例：

- Munchery
- ChefsFeed
- CUPS
- Lark

> 健康高质饮食配送

2.1 Munchery：从越南难民到掌管3亿美元初创公司，他让老美吃点好的

① 1986年，Tri Tran 出生在越南的一个知识分子家庭；

② 当他的哥哥到了该上大学的年龄，他们家人突然意识到一个重要问题；

③ America 是他们认为孩子学习的理想国家；

④ 于是，他们开始想方设法逃离越南。曾被警察逮住，靠贿赂才从监狱脱离；曾经错过了偷渡的船，折腾多次，还是以难民身份到了印尼；

⑤ 在印尼漫长等待6个月后，Tri 和他的哥哥、奶奶终于踏上了美国的领土。当然，故事还没有结束，这就是我们的主人公 Tri；

⑥ 来到美国后，他念了麻省理工，"服侍"过当红公司和初创公司，最后创办了自己的公司，还接受了希拉里的访问；

⑦ 如今他的公司市值已达3亿美元，而当年，他还是个青涩的孩子（右二）；

⑧ 故事说完了，那么，为何说他能帮老美吃点好的呢？

什么是 Munchery

Munchery 是一家提供高质量成品菜以及新鲜食材的外送服务公司，他们的菜品由本地优秀厨师搭配烹饪，菜单每天更新，帮你解决"晚饭吃什么"的问题。

公司概况

成立时间：	2011 年 4 月 1 日
总部：	旧金山
创始人：	

 Tri Tran
CEO and Co-Founder

 Conrad Chu
CTO and Co-Founder

融资情况

A 轮：	400 万美元，2013 年 9 月
B 轮：	2800 万美元，2014 年 4 月
C 轮：	8500 万美元，2015 年 5 月

（来源：crunchbase）

显微镜下看产品

　　Tri Tran 在一次采访中说到，他们 90% 的点餐者都是回头客，而且移动端对他们来说非常重要。在过去的一年中，公司的移动端已经增加了 10 倍的用户。如今总用户的 50% 会通过手机的 Munchery 来订餐。那么，我们就来侦查一下他们的 App 吧！

第 2 章 餐饮类产品

① 打开 Munchery 的登录页面，可以根据分类查看菜单，包括：主食（煮好的）、新鲜食材、配菜、甜点、儿童餐、早餐、饮料，精美的图片、价格和添加按钮组成了每一道美食的卡片。

② 也可以添加搜索条件来找到最合适的食物，譬如不含乳糖、不含谷蛋白、不含坚果、只要素食、不要蛋……都可以成为你筛选的条件。

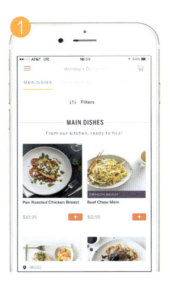
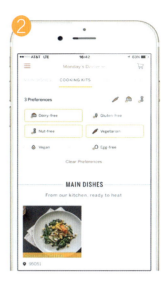

③ 具体点击进入一道食物的主页面。

④ 可以查找到对应的加工方法：加热一下就好，还是需要怎么烧？更有材料表和营养成分表。

⑤ 当然，你还能查看是哪位大厨做了这道菜。一般来说，这里的大厨照片都比较有气势，必然是要拿着菜刀、拎着食材的，也是醉了。

密探提示

App 整体 UI 很清晰，使用上也很简单。当然，对于这类产品最重要的还是食物质量和递送速度。这两点，Munchery 在同类产品中都属于比较出色的。

竞争对手

在旧金山这样的大城市，近年来诞生了不少优质的送餐服务公司，这与当地人口的不断快速增长以及人们对于健康美食的要求提高有着紧密联系。

（1）Sprig

同样诞生于旧金山的 Sprig 成立于 2013 年，密探在 2015 年 5 月就侦察过，不同于 Munchery，Sprig 不提供食材外送，只提供无须再加工的食物外送，以中餐和晚餐为主，可选择的品种也要少一些。Sprig 从上线以来，在宣传上主打有机食物、Google 大厨、算法优化递送服务的牌，吸引来许多眼球，在送餐速度和质量上也保持高水准。他们积累的关于城市人口对于饮食诉求方面的数据在未来也会很有价值。目前，该公司处于 B 轮，总融资额已达 5670 万美元。

（2）Blue Apron

Blue Apron 诞生于 2012 年的纽约，名字翻译过来是"蓝色围裙"的意思，他们提供新鲜食材以及相应菜谱的递送上门服务。在食材外送这一业务上，Blue Apron 比 Munchery 做得更为专注和专业。在他们的网站上，你可以订制不同的服务：2 人餐，每周 59.94 美元，递送 3 次，也就是能管三顿饭；家庭套餐，每周 69.92 美元或 139.84 美元，递送 2 次或 4 次，每次是 4 人份的食物。

对于仅仅提供食材来说，他们的价格并不便宜；但由于递送附带菜谱，使得你可以学会很多大厨的做菜方式，和你的伴侣或者孩子一起学做菜想想也很温馨呢！

另外，他们还在其网站上卖厨房用品、调料及菜谱书。目前，Blue Apron 总计融资 1.93 亿美元。

> App 上的美食专家

2.2 ChefsFeed：大厨眼中的大厨

① 费尽周折搜了各种美食帖，好不容易带着挑剔的吃货女友下了个好馆子。

② 她却提出了一个如此专业的问题："哎，你知道这个菜里加了什么，所以这么好吃吗？"你敢说你不知道？

③ 那是因为你还没用过 ChefsFeed，让你的品位瞬间和大厨拉平。

④ 终于可以在吃货女友面前炫耀下自己对美食的见地了。

> 什么是 ChefsFeed

ChefsFeed 是一个只能由厨师推荐美食的应用平台，让你深入连接周边美食与餐饮文化。

公司概况

成立时间：　　　　　　　　　　　　　　　　　　　2012 年

总部位置：　　　　　　　　　　　　　　　　　　　旧金山

主要团队成员：

Current Team (4)

 Richard A. Maggiotto　CEO
 Jared Rivera　Co-Founder & Head of Chef Relations
 Steve Rivera　Co-Founder & COO
 Sandy Shanman　CRO

融资情况

可转债：　　　　　　　　　　　　110 万美元（2012 年 11 月 1 日）

种子轮：　　　　　　　　　　　　85 万美元（2013 年 7 月）

可转债：　　　　　　　　　　　　150 万美元（2014 年 1 月 1 日）

A 轮：　　　　　　　　　　　　　500 万美元（2015 年 2 月 26 日）

（来源：https://www.crunchbase.com/organization/chefs-feed）

显微镜下看产品

ChefsFeed 一共有四个导航主页面：Scene（场景）、Feed Me（吃什么）、Saved（收藏）、Profile（档案）。下面由小探来一一为你揭开神秘面纱。

（1）Scene（场景）

这个功能页是 ChefsFeed 作为美食媒体展现给用户的一面。它会定期推送一些高质量的文章、视频和采访稿。在这里可以看到新店开张信息、主厨采访记录、美食制作教程等，还会有这样的恶搞吐槽视频"Don't Skip out on Your Reservation | WTF Are You Doing"（别定了餐不来 | 你们到底在干什么）？

（2）Feed Me（吃什么）

这个功能页是 ChefsFeed 作为美食推荐应用的一面。它会根据你选择的城市，将本地及周边美食推荐给你，所有的推荐餐馆或菜品都至少由一名主厨来给出评论。

① 推荐列表中包括基本信息（如餐馆名、价位和定位）、菜品图片、与你的距离等，都会清晰展现在你眼前。单击进入一个菜品会出现如下的详细介绍，你可以收藏、点赞。

② 这是主厨 Tim Luym 在推荐一家墨西哥餐馆的特色橘子酱，他以非常调侃的形式介绍这个特色酱汁："你完全可以跳过那些卷饼，直接去蘸橘子酱，我从中学起就对这个酱汁上瘾了。"

③ 这是地图定位形式的美食推荐。

④ 这里是大厨们的信息列表，可以在此找到喜欢厨师的所有推荐。第一位就是刚刚点评橘子酱的那个"嘴炮"大厨哦！

（3）Saved（收藏）

收藏页面里就是你喜爱的或者想去试试的产品，之前在介绍页面里保留过的。

（4）Profile（档案）

Profile 页面里除了常规的个人信息设置外，还有一个 Activity（最近活跃的）栏目。可在这里看到全平台上又有哪位大厨加入了，或者官方更新了什么视频，社区的火热感立马就能感受到。

> **密探提示**
>
> 还需要补充一点,在很多功能页面都有搜索和分享的功能,这是 ChefsFeed 工具结合社区属性的一种体现。目前 ChefsFeed 已经遍布到北美 50 多个城市。上千个厨师把自己欣赏的菜品推荐到 ChefsFeed 上面。

继续看市场

根据美国全国饭店业联合会(NRA)2015 年出炉的数据,全美的餐饮业市场总量大约是 7092 亿美元,占到美国国民经济总量的 4% 左右,而且在过去几十年中无论经济情况是好是坏,餐饮业的销售增长从未间断。统计还显示,在过去的 16 年间(跨越两次经济萧条期),餐饮行业的就业增长率始终跑赢国民经济增长的大盘。

从一项由几个专门开发菜谱移动应用的公司做的调查中发现,使用英语的国家中,有四分之一的 iPhone/iPad 用户喜欢自己下厨(想不到吧)。另外,美国全国饭店业联合会的统计显示,79% 的食客表示高科技让外出就餐更方便,70% 拥有智能手机的食客们都会在手机上使用几次饭店 / 菜谱应用,其中 34% 的食客表示高科技使得他们更经常买外卖或去饭店吃饭,而 32% 的拥有智能手机的食客更愿意使用移动应用而不是传统方式来买单。

(https://www.restaurant.org/Downloads/PDFs/News-Research/research/Factbook2015_LetterSize-FINAL.pdf)

竞争对手

(1) Yummly

Yummly 是一个为喜爱饕餮的食客们解答"今晚去吃啥好东西"问题的移动应用。自 2009 年成立以来,它已经融资超过 2420 万美元,是食谱应用中的一方老大。特性化的菜谱是 Yummly 的一大卖点,当然用户需要提交一些相关的信息,包括 Facebook 账户。虽然这样的深度个性化数据采集会引起用户的一些戒备情绪,但一旦用户绑定,就产生了很高的黏度。Yummly 会根据数据发掘的结果,给用户推送根据其年龄、性别、口味、民族、起居及兴趣爱好量身定制的菜谱。其菜谱的详细程度和画面的精美程度也非常之高,难怪可以成为菜谱应用的大玩家。

（2）Munchery

Munchery是一个基于美味菜谱的美食限时专送移动应用。更厉害的是它不是光说不练的菜谱，除了主打本地知名大厨主编的有机/绿色选料的精美菜谱外，还可以当日送货上门直达府上（按国内的说法就是O2O哦），其菜品更是色香味俱全，精美的图片及详尽的说明让用户绝对无法坐视不理。Munchery服务的都是"逼格"较高、讲究时尚健康的中高端客户人群，对各种不同口味及特殊偏好相当照顾，例如素食、儿童餐、低热量餐、无面筋饮食等。从2011年成立开始，已经融资超过1.25亿美元，相当霸气！

> 咖啡爱好者必备省钱神器

2.3　CUPS：如何把卖咖啡做到极致

然而，其实数学有时候也不对，没用过 CUPS 吧？ 11 美元就够了！

什么是 CUPS

CUPS 是一款基于纽约、为咖啡爱好者提供各式咖啡的 App。该产品根据地理位置挖掘出纽约大大小小、各式各样的独立咖啡店和咖啡连锁店，用户可以提前在产品上选择不同的咖啡种类进行订购。当然更妙的是，咖啡也可以批量购买了！省钱高手们下载到这款 App 要偷着笑了，以一杯星巴克中杯咖啡 4 美元为例，5 杯需要 20 美元，而下载 CUPS 则只需 11 美元就可以购买 5 杯咖啡！

公司概况

成立时间：	2013 年 5 月
App 上线时间：	2013 年 8 月
总部：	纽约

创始人：

融资情况

种子：	4 万美元，2014 年 1 月

🔍 显微镜下看产品

① 当你打开该应用,系统就会根据地理位置默认推荐你邻近的咖啡店。

② 选中一家咖啡店后,就会提供非常细致的产品种类让你选择。可选择的咖啡类型有美式咖啡、拿铁等,还可选择杯型大小和牛奶类型(往左或往右选择按钮,不是常规的上下滑动)。

③ 紧接着选择给多少小费,以及确认订单,就可以去店里自取喽!

④ 当然,该应用特别贴心,有包月的咖啡套餐。有选择困难症?哼!这里有给"患者们"推荐咖啡店的按钮,即可喝到一杯免费的咖啡,还可以得到一份神秘礼物!这些可爱的功能都可以在左上角的个人设置里看到哦!

⑤ 包月套餐的价格根据咖啡品种而略有不同:基本的黑咖啡会便宜些,5 杯 11 美元,而我偏爱拿铁,这类咖啡 5 杯 18 美元,在 6 个月内使用即可。不过我相信这对于咖啡爱好者来说"So easy(如此简单)",所以大家可大胆选择包月服务!

继续看市场

商业模式

每月 45 美元，无限量供应咖啡和茶，纽约 170 家独立咖啡店随便喝。或者选择以下套餐：

竞争对手

（1）星巴克

星巴克大家都很熟悉了，对于这样一家国际连锁咖啡店，App 的推出让星巴克的爱好者们能够更快地搜索与选购，与信用卡的连接一键支付，再也不用愁忘带钱包了。

- 上线时间：1996 年 6 月
- 总部：华盛顿，西雅图
- 创始人：Orin C. Smith
- 融资：170 万美元
- 网站：www.starbucks.com

（2）London's Best Coffee

这个 App 将会带你发现 200 家独立咖啡店，并为你提供特色咖啡的信息——用户点评、地图、照片，还有新闻。它将会告诉你这些咖啡是用哪些种类的咖啡豆和机器酿造出来的，包括酿造的方法。它还定期更新位置和新闻，非常适用于喜欢探索咖啡的爱好者。

- 总部：英国伦敦
- 上线时间：2010 年
- 创始人：Scott Bentley

您的私人减肥管家

2.4　Lark：可以对话的减肥管家

当你一觉醒来的时候，有没有人关心你睡得怎样？

当你运动的时候，会不会有人在旁边记录你的数据？

甚至当你无聊的时候，有没有人在你身边陪你聊天？

什么是 Lark

Lark 是一款健康管理的指导应用。它在后台记录着你的睡眠、运动和饮食。其中睡觉和运动是自动导入手机里的运动数据，或者运动手表和运动手环的数据；而饮食是需要人工输入的。

公司概况

成立时间：　　　　　　　　　　　　　　　　　　　2010 年

创始团队：

 Julia Hu　CEO/Founder
 Jeff Zira　VP Product
 Dean L. Young　Senior Marketing Manager

融资情况

公司于 2011 年 5 月 24 日拿到 100 万美元的种子轮投资

投资方为 Lightspeed Venture Partners

2013 年 10 月 6 日拿到 310 万美金的风投

投资方为 Asset Management Ventures

合作方有 Skip Fleshman、Fenox Venture Capital 和 Golden Seeds

显微镜下看产品

① 首先是注册页，用户可以选择使用Facebook账户注册，也可以选择邮箱注册。

② 注册之后 Lark 开始分析用户数据。

③ 之后跳出的界面是让人眼前一亮的人性化互动。人机之间的互动都是自然语言，而且内容会随着不同的时间而变化。例如：早上拿起手机，Lark 会帮你分析你的睡眠。

④ 下午或者其他时间，打开 Lark，它所与你交流的话题很可能是你今天一天的运动情况。

⑤ 回答 Lark 也很简单，会出现几个提示让你选择，可以就此对数据进行修正，或者通过该话题了解更多信息。这种自然语言的对话是 Lark 的显著特征。当然 Lark 也会有同类健康和健身应用所具有的功能，比如对大数据的分析与记录。

闪电符号表示睡眠中断

对饮食的记录　　运动的记录界面　　运动数据的分析　　睡眠数据的分析

⑥ 同样，它也在一定程度上保有日记功能，你可以在饮食和睡眠的记录表上写下你自己的想法。

⑦ 用户还可以自行添加其他类别。Lark 这款应用的界面非常简洁明快。它不会给你的生活增加任何额外的负担。它一直会在后台忠诚地坚守职责。在需要它的时候点击它，它就会像朋友一样，同你聊你的睡眠、饮食及运动。

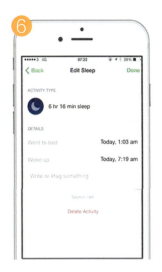

继续看市场

商业模式

Lark 软件本身是免费下载使用的，但是你可以升级到付费版本 Lark Pro 来得到更好的睡眠跟踪和培训。同时，Lark 也销售一款智能腕带，并且它可以与你的 App 相连作为身体数据采集的智能硬件。

竞争对手

（1）Apple Health App

苹果 iOS 8 自带的 Health App 是一个功能非常强大的软件，它的功能在使用中并不比 Lark 差，不过 Lark 在 2010 年就已经成立，所以用户已经养成使用 Lark 的习惯。Health App 可以搜集你的所有数据，上传到 ResearchKit，这是一个开源软件，也就是说 Researcher 和 Developers 可以使用它收集的数据来进行研究，可能下一个医学突破就会在这上面产生。它的思维就是通过大量的端口流量接入来实现一个云数据库的建立，最后达到未来物联网的效果。使用它，下一个医学突破可能就会与你有关哦！

- 公司总部：加利福尼亚州
- 创始人：Steve Jobs、Ronald Wayne、Steve Wozniak
- 网站：www.apple.com

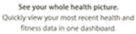

（2）FITSTAR

FITSTAR 是一款成熟的健身软件，它非常专业，并且在几乎所有端口都可以接入。2015 年收到来自包括 Google Ventures 在内的五家风投公司的 500 万美元的融资。它主打的特色是你不用再花费大量的金钱来雇佣你的健身教练了，在每次健身使用完成之后，它会问你一些简单的问题，然后根据这些问题为你的提高计划调整设定。

- 成立时间：2012 年
- 公司总部：旧金山
- 创始人：Mike Master，Dave Grijalva
- 网站：http://fitstar.com/

（3）NIKE+TRAINING CLUB

NIKE 作为老牌的运动品牌，自然不能落下脚步。早在 2011 年，NIKE+TRAINING CLUB 就已经发布，这款软件提供了 100 多种健身方法，每一个都是 NIKE 的大师级健身教练精雕细刻的，适合各种级别水平的人。可以选择你最想要的健身目标（学习阶段、入门级、中级、高级、大师），每一个阶段都可以给你一个目标，而且都有视频讲解。对于新手来说无疑是很好的。

- 公司总部：比弗顿
- 网站：http://www.nike.com/us/en_us/c/womens-training/apps/nike-training-club
- 创始人：Bill Bowerman，Phil Knight

第3章

工具类产品

在你的智能手机上，除了微信、微博、QQ这些常用的社交应用会经常打开外，一些简单实用的工具类应用也一定是你经常使用的。你会发现，手机已经慢慢变成了百宝箱。而作为一款优秀的工具类App，其最核心的就是让人们的生活工作更快捷，更简单，更方便，成为懒人福利……这一章，"硅谷密探"带你领略一下用户量都非常不错的几款工具类应用，这些产品无一不切中某群用户痛点：只要手写就能实现计算器功能的一款App；帮你清除垃圾订阅邮件的清道夫App；一款能够帮你网购省钱讨价还价的应用；还有让你扔掉扫描仪只要手机做扫描的应用。而最后，我们会介绍这么一个智能小软件，它能够了解你的使用习惯和爱好，将你可能感兴趣的App推荐给你。为何在品种繁多的各类工具应用中，这些产品能够脱颖而出？让密探为你揭秘！

精选案例：

- Myscript Calculator
- Unroll.me
- Paribus
- Drippler

> 计算方式的进化

3.1 MyScript Calculator：用手写重新定义计算器

① 你见过这种计算方式

② 也见过这种计算方式

③ 还见过这种计算方式

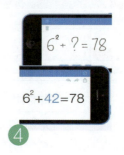

④ 手写的计算方式见过吗

什么是 MyScript Calculator

MyScript Calculator 是一款手写输入的计算器 App，它可以自动识别你输入的数字和计算符号，然后立即给出答案。

公司概况

成立时间：	1998 年
总部位置：	法国南特
官方网站：	http://www.myscript.com/
主要团队成员：	

Paddy Padmanabhan — *Chief Executive Officer*
Jean-Marc Alchoun — *Executive Vice President, Sales and Marketing*
Pierre Laporte — *Executive Vice-President, Engineering*
Brandon Major — *Chief Financial Officer*
Pierre-Michel Lallican — *Chief Technology Officer, Head of MyScript Labs*
Denis Manceau — *Director, Global Product Management*

融资情况

关于融资情况,没有相关详细的信息。不过,密探可以帮你详细介绍一下这家公司:这家公司的专注点就是在手写技术上,其主要业务是如何提高手写技术而达到人类阅读潦草字的程度。未来,它的产业将分布于教育、企业、汽车等领域。若专注于一个产品并做到极致,就可以以点带面,由垂直向横向快速发展,这就是 MyScript 所拥有的价值。

显微镜下看产品

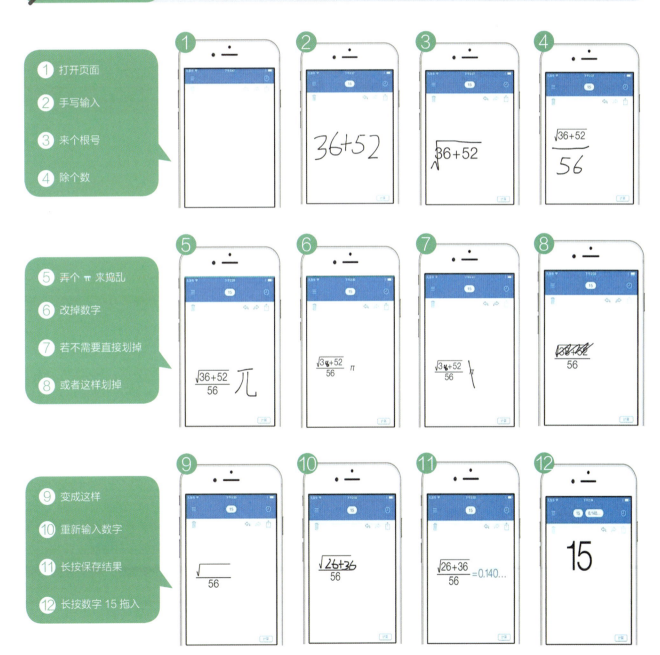

⑬ 输入计算方式
⑭ 见证奇迹：变
⑮ 还有未知数功能
⑯ 更能使用符号

密探提示

如果你的"反射弧"较长，也可以在设置里面打开或者关闭自动输出结果选项，这样你就可以有足够的时间来输入了。目前，这个 App 是免费使用的，它的功能很简单，但是蕴含的力量是无穷的。如果你仔细观察就会发现：其实每天经常使用的 App 不会超过 10 个，真正会使用到的，一定是满足了你的刚性需求；而简单、实用是所有客户黏性高的 App 所具备的通性。

继续看市场

商业模式

这款在苹果商店被定义为 Essential 的手写计算器，提供应用内部购买的收费模式。在英国 0.79 镑就可以购买，而在中国的收费是 1 元人民币。

竞争对手

首先我们考察一下在手写识别功能上能够与手写计算器相媲美的其他计算器类应用。

（1）xNeat 的 Caculator+（计算器 +）

xNeat 出品的 Caculator+ 是手写计算器强有力的竞争对手。Caculator+ 同手写计算器一样，为用户提供手写功能；但与手写计算器不同的是，它只提供普通计算和科学计算的免费使用。它的手写功能与其他线性计算、多项式计算、2D 图形计算和公式计算功能则需另行购买。在英国，购买手写功能需要 2.29 英镑，购买全部功能则需要 7.99 英镑，这个价格里面包含了更换计算器主题及未来即将开发出的任何功能。

第 3 章 工具类产品

在价格上,这款计算器收费远远超过手写计算器。对于价格敏感的群体来讲,这不菲的价格影响了他们的使用。

（2）苹果计算器

抛开手写功能不提,从小运算功能来讲,手写计算器也同样面对一些强有力的对手。

想必很多人都知道,苹果自带的计算器在下拉菜单里面,在正常应用界面里,手指轻轻向上一划,即可调出包括计算器在内的常用菜单。单击计算器图标,瞬间启动计算器,而且横屏情况下,该计算器会启动科学计算功能。苹果原生计算器在计算功能上与手写计算器相差无几,而且不用下载安装。如果只是简单计算,已有原生的计算器,何乐不为呢?

当然,毋庸赘述,相比较而言,手写计算器可以手写输入,苹果则不具备手写输入功能。此外,苹果计算器还不具备存储计算结果功能,也不能填写笔记,更不能保存计算结果,而这几项功能手写计算器都可以做到。

（3）7th Gear 的 Caculator 及其收费版本

这款计算器与手写计算器相比,除了没有手写数学算式功能,其他方面都很接近,它有着可以和苹果原生计算器相媲美的简单计算器界面。密探认为,在配色上它比苹果计算器更胜一筹,跟手写计算器相比,其简洁大方的界面也完全不逊色。

横屏之后，出现科学计算器界面：细心的朋友们可能从横屏界面发现这款计算器的玄妙之处了，那就是这款计算器同手写计算器一样，具有记忆结果和手写笔记功能。在记录过往运算结果与手写笔记功能上，这款计算器表现非常优秀。

（4）Incpt. Mobis 公司的 Caculator# &Caculator

这是另一款功能强大的无手写数学算式功能的计算器。它支持一些最近设备和无线键盘。不得不说，支持无线键盘是该计算器一大亮点。无线键盘的添加在很大程度上方便了数学算式的输入。对于这款计算器的功能，同前款计算器一样，它除了简单计算和科学计算外，还提供 2D 图形运算、公式计算、代数计算等。

总体来说，这四款计算器都是非常优秀的计算器。但是密探认为，随着 Siri 的优化，苹果笔的到来，语音及手写这些更符合日常行为习惯的输入方式将会得到更加广泛的使用；手写计算器其背后有着强大的手写识别团队的支持，这款设计简洁、功能齐备的手写计算器将会得到更广泛的应用。

第 3 章 工具类产品

> 一键清理邮件订阅

3.2 Unroll.me：烦人的订阅和垃圾广告真的能一键清空

 世界被玩坏了，喝杯咖啡也需要注册邮箱 ①

 出门坐个车也要注册邮箱 ②

 买个东西，要注册邮箱 ③

 听听歌，要注册邮箱 ④

 于是每天起床后，邮箱就成了这样 ⑤

 作为一个轻微强迫症的处女座，当然无法忍受红点的折磨，那么，用这样的"姿势"，世界突然干净很多 ⑥

什么是 Unroll.me

Unroll.me 是一款一键清理邮件订阅的产品，你可以轻松地一键取消订阅任何网站的邮件。同时，所有的订阅邮件都可以每天定时接收。简单来说，就是"邮箱清道夫"。

公司概况

总部：	纽约
网站：	https://unroll.me
用户数：	200 万 +
App Store 推荐次数：	211 次
创始人及 CEO：	Josh Rosenwald
创始人及 COO：	Jojo Hedaya

融资情况

2014年11月24日，被Slice收购；而Slice则于2014年8月11日被Rakuten收购。
Unroll.me的母公司是做电子商务服务的，产品都和E-mail订阅息息相关。这样的收购极有可能是因为看中他们的用户数据，而后优化产品。

显微镜下看产品

① 打开Unroll.me，出现丑爆了的欢迎页（颜值控可以忽略欢迎页，赶紧点"SIGN UP"。除了欢迎页丑了一点，其余的体验确实很赞，哈哈）。

② 注册和登录。实在忍不住要吐槽一下，登录与注册的切换被键盘挡住了，虽然这种场景不多，但一定可以找到方法来让体验更好吧？

③ 正式登录后，就开始清理邮箱了。邮箱是你注册时的账号邮箱，Unroll.me会要求你用Google账号登录（这里的体验不太好，整个注册环节是这个产品减分的地方）。

④ 整理邮件界面特别舒服。整理完之后，会自动将订阅的邮件按订阅邮箱分组，将所收到的订阅邮件用卡片的形式展示出来，并提供KEEP、UNSUBSCRIBE和ROLLUP三种选择。

⑤ 交互特别简单，向右是KEEP，继续接收订阅；向左是UNSUBSCRIBE，取消订阅；向上是ROLLUP，不再接收订阅，但在Unroll.me里可以查看。

第 3 章 工具类产品

⑥ 就这么简单几步，邮箱就已经干干净净了。喜欢的向右滑，看不顺眼的向左滑。当然，好产品别忘了分享给好友哦！

⑦ 回到主界面，选择右上角的 EDIT，可以管理所有的订阅邮件。

⑧ 选择订阅的邮箱分组，你可以重新选择"取消订阅"或是"继续订阅"等操作。撤销的交互也很人性化。

⑨ 回到主界面，选择左上角的设置，可以在 Preferences 里设置时间统一接收所有的 ROLLUP 邮件，同时，你还可以新增账号。

继续看市场

Unroll.me 所在的市场区域可以被定义为反垃圾邮件服务。根据 RADICATI GROUP 咨询公司的报告显示,全球反垃圾邮件市场的总体市场容量在 2014 年大约是 70 亿美元。要知道,反垃圾邮件市场容量这么大,就是因为垃圾邮件太多。上述报告的数据显示,在所有的电子邮件中至少有 19% 是垃圾,而这个数字在与日俱增。平均来说,一个有 1000 名雇员规模的美国公司,平均每年要花费 320 万美元来处理垃圾邮件问题,而与此同时只有 15 万美元花在反病毒上,可见垃圾邮件的危害有多么巨大。[1]

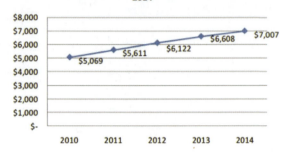

商业模式

因为 Unroll.me 已经被收购,我们从收购方是做电子商务服务的公司这个角度来分析,Unroll.me 的商业模式就是靠用户数据赚钱了。

竞争对手

(1) OtherInbox

OtherInbox 成立于 2008 年,总部位于美国得克萨斯州奥斯汀,总计获得过 380 万美元的融资,于 2012 年 1 月被 Return Path 收购。OtherInbox 致力于给用户打造更好的邮箱技术,自动组织 E-mail,让用户可以根据自己的喜好来关注所收到的信息。简单来说,他们就是要让你翻身做邮箱的主人。

(2) MailTime

这是硅谷密探曾经报道过的一款邮箱应用,其本质是想通过邮箱来构建新的即时聊天系统。MailTime 也可以自动整理你的邮箱。在本书第 1 章中,我们对其进行过具体介绍。

[1] 数据来源:http://www.radicati.com/wp/wp-content/uploads/2010/05/Email-Security-Market-2010-2014-Executive-Summary.pdf

> 大数据 + 互联网 = 省钱利器！

3.3 Paribus：史上最强省钱神器

相信大家都应该有过这样的体验：看中了一样东西，就迫不及待地买下来。第二天心里还美滋滋的，而就在此时看到了晴天霹雳：打折半价！！

随着大数据时代的到来，越来越多的商家利用动态定价来获得利益最大化。下面就来聊聊一款叫 Paribus 的应用是如何保护消费者的合法权益的。

什么是 Paribus

很多厂家保证消费者会在他们网站上购买到最低价格的产品，但是实际情况并非如此，电商的产品价格往往是在动态变化的，取决于市场需求、供给等因素。Paribus 通过扫描你邮箱里的网络购物发票得到你的所有购物记录，并且自动和网站上的产品持续比较价格。如果网上产品降价了，Paribus 会自动向厂家申诉并要回差价，从而保护消费者的合法利益。

公司概况

成立时间：　　　　　　　　　　　　　　　　　　2014 年

创始团队：

 Karim Atiyeh
Co-Founder, CTO

 Eric Glyman
Co-Founder, CEO

显微镜下看产品

① 打开软件后先要选择用邮箱注册，此邮箱必须是你经常用来购物的邮箱。因为 Paribus 需要扫描邮箱中的所有购物记录。

② 注册完成后，Paribus 会自动扫描邮箱，并且罗列出你的所有购物记录。

收钱了！

③ 其实你购买的产品价格一直是变化的！大数据时代厂家可以完全知道消费者的消费行为。如果他们通过算法分析出你是个富二代，厂家完全可以把定价定得高点你也不会敏感；而如果你只是个穷学生，那可能厂家给你一个相对比较优惠的价格。接下来，你就可以坐等收钱了！

④ 如果 Paribus 侦察到你当时购买的物品已经降价的话，软件会立即和厂商联系申诉并要回那部分差价。下面是小探买的一个礼品套装，买完不到几天的时间产品就降价了，Paribus 在第一时间联系了 Amazon 的客服，并且小探也在第一时间收到了 Amazon 客服的邮件并完成退款。

第 3 章 工具类产品

> **密探提示**
> 这样的软件是不是使用起来特别方便？当然，在这当中 Paribus 会收取要回来差价的 25% 作为佣金，而你什么都不做就可以轻轻松松从厂家那里要回来本来就属于你的钱，何乐而不为呢？现在 Paribus 暂时支持以下店家，大家还在等什么呢？赶紧去注册，然后坐等收钱吧！

继续看市场

Amazon 在 2014 年美国感恩节的线上购物人数达到 1 亿零 330 万人，打破有史以来的记录，并于 2014 年的黑色星期五创造了 15 亿美元的销售额。

商业模式

Paribus 这个软件是免费的，但是每一次只要 Paribus 成功帮你要到钱，他们会收取 25% 的服务费。如果没有成功，是不需要付任何费用的。

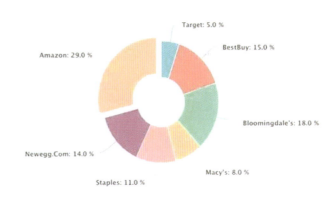

竞争对手

（1）Jet

- 成立时间：2014 年
- 总部：美国蒙特克莱
- 创始人：Mike Hanrahan，Nate Faust，Marc Lore
- 网站：https://jet.com

65

Jet 能够让你用最低的价钱买到任何你想买的东西,你买得越多,省的钱就越多,它会帮你记录你因为使用了 Jet,总共省了多少钱。这款 App 很适合跟亲朋好友一起使用,因为同一种东西,你购买的数量越多,折扣就越大。

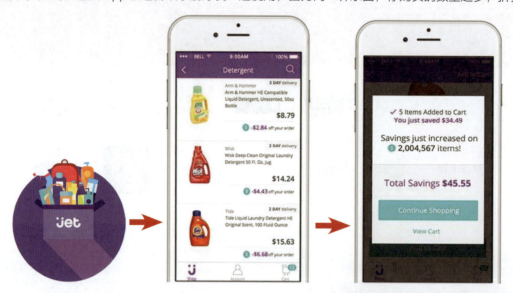

(2) Fetch Rewards

- 成立时间:2013 年
- 总部:美国麦迪逊
- 创始人:Daniel Litvak,Wes Schroll,Tyler Kennedy
- 网站:http://www.fetchrewards.com

当你去超市购物时,Fetch Rewards 帮你扫描你要购买的物品,在结账时你就会得到 Fetch Rewards 的折扣。同时你也可以集 Fetch Rewards 的红利点数,将来可以当作现金来折抵。这款 App 会记录你的购物历史,也可以帮你记录购物清单,以免在购物时漏买东西。

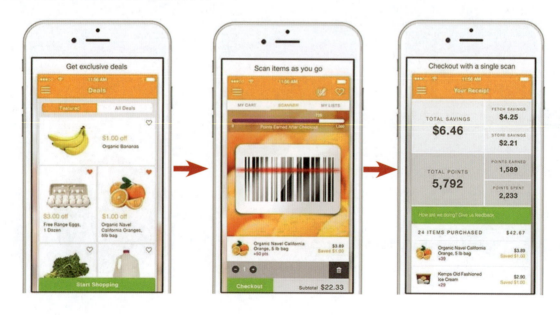

> 手机必备 App

3.4 Drippler：为什么是年度手机必备 App

如果你的手机内存只有 16GB，你就会理解有一种笑叫无耐的微笑

当你拍照时弹出"你的内存不足"，此时你会无耐的微笑，于是你颤抖地删掉了珍藏照片

如果不是 Drippler 告诉我一个诀窍，我手机不可能一下子多出 10 个 GB

什么是 Drippler

Drippler 是一款通过精准定位用户电子设备类型，推送各种相关的使用提示、系统更新、各种时下流行的 App，甚至相关配件信息的应用。Drippler 将所有这些信息统称为"drip"。举个例子，如果 Drippler 是装在 iPhone 6 上的，那么看到的 drip 都将是围绕 iPhone 6 的。这款应用具体都"drip"些什么呢？相信大家都对微博上各种"App 限免"的账号不陌生，Drippler 的部分"idea"跟限免推送差不多，但这仅是其中一小半。Drippler 的特色除了为用户的设备主动"量身定制"，为科技发烧友提供最新消息之外，还补充了系统指南、配件推荐这方面的空白。比如"如何使用 iOS 8 最新的酷炫功能"、"如何调整照片曝光度"、"推荐的手机套"、"哪里下载 Emoji 表情"等，小探还看到了传说中的类似自拍神器"自拍杆"的 drip，如此接地气，也是醉了。钟爱游戏的玩家们也可以在 Drippler 上关注最新发布的游戏信息。

公司概况

成立时间：   2011 年
总部位置：   硅谷
官方网站：   http://drippler.com
创始团队：

Matan Talmi
CEO
Co-founder & CEO of @Drippler. EE @Tel Aviv. previously @Go Networks @NextWave Wireless & @Alvarion

Ronen Yacobi
CTO
Co-Founder & CTO @Drippler. Tech enthusiast. previously @HP and @Elbit Systems. Management & Economics BA @Open University of Israel

Dotan Gairon
CPO
Co-Founder & CPO at @Drippler. Prior to Drippler @Go Networks & @NextWave Wireless. EE @Tel Aviv

融资情况

天使轮：   25 万美元，2011 年 6 月 9 日
风险投资：   160 万美元，2014 年 5 月 2 日
A 轮：   450 万美元，2015 年 6 月 29 日

（来源：https://www.crunchbase.com/organization/drippler）

显微镜下看产品

① 可以跟 Facebook 账号挂钩，但并不是强制，不需要注册也可以使用（下面以小探使用的 iPhone 5 为例）。

② 通过 Drippler 分析得到设备信息如下。

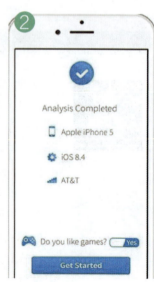

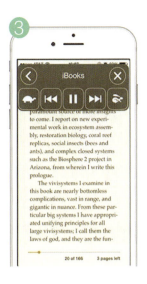

③ 接下来就是尽情浏览和挖掘的时间了：如何让 iPad 或 iPhone 为你阅读呢？听上去不错，具体怎么做呢？打开 Settings > General > Accessibility > Speech，启用 Speak Screen。打开 Settings > General > Auto-Lock，选择 Never。任意打开 iBooks 或者 Kindle 里的一本书，下拉屏幕就可以看到阅读功能启动面板，调整到合适的速度，一页读下来 Siri 还会自动翻页继续读。

④ Drippler 的用户体验做得很不错。瀑布流的页面翻阅流畅，对于感兴趣的文章，可以存档和分享；而对于推荐的 App，"App in this drip"可以直接一键下载。简直是懒人救星！对了，Dripper 还是 Google 评选的 2015 年必备的手机 App 之一。

继续看市场

 商业模式

Drippler 是一个专注于 Mobile 资讯和 App 推荐的阅读软件。根据用户的手机型号、运营商信息及用户的使用行为（比如什么类型的内容会被放入收藏夹），提供定制化的手机使用小技巧。与此同时，也会为用户推荐一些有趣实用的 App 及游戏。

Drippler 通过资讯平台很好地将用户、App 开发者和广告商连接起来。小探认为，Drippler 的用户其实是非常有特色的一个群体——对前沿科技非常感兴趣的科技发烧友或者是小白（想想看是什么样的用户对如何最大化自己手机、iPad 的效用及各种科技 blog 感兴趣）。而这个群体对于 App 开发者及广告商是非常有价值的。他们往往更容易接受新鲜事物，乐于尝试，有极大概率成为各种科技新产品的第一批种子客户。高质量的用户又进一步让 Drippler 成为了广告和 App 分发的热门渠道。

竞争对手

在这个细分行业里类似的竞争者还是不少的。

（1）Softonic

这是一个 App 推荐、软件下载平台，移动端目前只有 Android 支持。他们提供的服务包括对时下热门 App 的专家点评、观看 App 的视频 Review、社区问答、社交等功能。

（2）AppAdvice

这是一款需要用户付费下载的应用推荐类 App，主打各种 App 推荐、分类、指南。

> **密探提示**
>
> 看到这里，大家可能会很自然地觉得：哎，这些服务都大同小异啊？确实没错，所以作为一个通过内容吸引用户的平台，平台质量、社交功能以及根据用户分类精准化推荐的能力将成为这些平台型 App 的制胜要诀。只有更加精确地给用户提供他们所需的高质量内容，才能成为一个真正有黏性的平台。从这个角度看，Drippler 根据手机型号、运营商等信息推送资讯，已经迈出了私人定制化信息的第一步。

第4章

互联网金融产品

有句玩笑话,虽不全对,但能反映问题:天下几乎没有钱解决不了的问题,如果有,那就加价解决。金融和我们的生活息息相关。而金融服务正是这个世界赖以正常运转的血脉。很多人可能觉得金融服务很神秘,离自己很远,但移动互联网把很多看似高深莫测的金融服务一下子就推到了我们每一个人身边,或更准确点说是手边。很多固有的思维定式和金融服务的形态在当今的快节奏、碎片化的社会中被迅速地盘整、重定义,并被新的移动端的使用习惯汹涌地推到了一边,而移动大潮随之带来的是大量基于智能手机的金融服务。比如:怎么利用碎片化的时间,管理碎片化的资产;怎么整合多如牛毛的信用卡,让你的支付更方便;怎么最省钱省力地得到最新的股票信息并进行无收费的交易。在这一章里,硅谷密探就来给大家揭密来自硅谷的这些最炫酷的金融服务 App。

精选案例:

- Loyal3
- Stash
- Gusto
- Coinpip

个人投资的福音!

4.1 Loyal3：听听纽约金融从业者聊金融产品

现在美国流行的五个投资 App：Robinhood、Acorn、Loyal3、iBillionaire 和 Betterment。它们各有各的优势与限制，可满足不同的投资目标，在下面的表格中有一个简略的比较。

比较项目	Robinhood	Acorn	Loyal3	iBillionaire	Betterment
关键词	零手续费	自动投资 + 化零为整	直接购买 IPO 和增发股票	亿万富翁的投资组合	更好地投资养老金账户
是什么	美股交易平台 App	综合、智能投资 App	美股交易平台 App	美股咨询平台	综合、智能投资 App
限制	只能买卖美股 +ETF 产品，不能卖空，不能买卖金融衍生品	根据用户的问卷答案（收入、风险容忍度等）定义投资组合，不能自己选择具体的投资内容，只能选择不同的风险度和投入金额	只能买卖美股 +ETF 产品，不能卖空，不能买卖金融衍生品；只能购买一小部分股票；批量交易	没有提供买卖股票的平台，只有投资信息和一个虚拟的投资组合走势	根据用户的问卷答案（收入、风险容忍度等）定义投资组合，不能自己选择具体的投资内容，只能选择不同的风险度和投入金额
收费	0	管理费	0	无	管理费
最少投资额	0	0	普通股票最少 10 美元，IPO 最少 100 美元	0	0
最少账户额	0	0	0	0	0
开户金额	0	0	0	0	0
401K	不可以	不可以	不可以	可以	可以
投资建议	无	无	无	提供	无

什么是 Loyal3

Loyal3 是一个可以直接购买原始股（Initial Public Offering，IPO）及增发股票的股票投资 App。除了这些股票，还可以购买 67 只已经在股市上公开交易的股票（名单随时更新）。

在介绍 Loyal3 之前，先让我们回顾一下，公司发行股票的过程以及如何购买 IPO 股票：

- Step 1：公司希望 IPO 雇用大投行们（如高盛、摩根大通、瑞士信贷等）作为承销商。
- Step 2：公司和承销商协商各种细节。
- Step 3：向证监会（SEC）提交材料注册。
- Step 4：证监会（SEC）批准。

第 4 章 互联网金融产品

- Step 5：向各大机构投资者（Institutional Investor）路演（Road Show）。
- Step 6：上市前一天确定 IPO 价格，以便在交易所上市销售。

在路演中，机构投资者们要了解公司概况及要发行证券的细节，而承销商们开始了解投资者对这些将要发行证券的兴趣和需求（购买量），并由此进行最后的定价。

作为散户（个人投资者）的你可能要问了：怎么读了这么多还没有看到针对个人投资者的部分呢？因为呀，IPO 一般都不对大多数散户开放……传统上，公司 IPO 股票的目标投资者都是机构投资者或者承销商的 VIP 用户（账户里有很多很多钱的那种用户），所以，一般的散户是没有途径用机构投资者的价格（IPO 价格）来购买 IPO 股票的，能买的都是已经大涨之后的价格。比如，2015 年 7 月 Fitbit 公司上市，IPO 价格是 20 美元每股；但是 9:30 开市时，散户能够买入的价格是 30.4 美元（+52%）。于是，你就可以知道，如果能以华尔街上机构投资者的买入价来购买 IPO 股票，可以赚多少！而 Loyal3 的出现，在某种程度上打破了这一切。Loyal3 直接跟将要发行 IPO 的公司合作，把自己化身一个"Broker"，感兴趣的用户就可以直接在 Loyal3 上登记购买 IPO 股票啦，先到先得哦。以下是 Loyal3 之前合作的 IPO 公司：

虽然还不多，但相信随着 Loyal3 的用户量增加和影响力加深，这个名单会越来越长的。因为，这种新模式对要发行 IPO 的公司和投资者们是双赢的：对公司来说，个人投资者们比专业机构投资者们往往会持有股票更长时间，倾向于买入（long）多于卖空（short），而且往往是对公司有特殊而正面的情感或看法的一群人（而非单纯投机、超短线操作）；而对使用 Loyal3 的投资者们来说，Loyal3 为他们提供了绝大多数人不会有的买入途径，以及机构投资者一样的买入价格和时间点，而且零手续费。

公司概况

公司成立时间：	2008 年
总部：	旧金山
CEO：	Barry Schneider
公司网站：	https://www.loyal3.com/

融资情况

Barry Schneider
Chairman, President, & CEO

Barry has over 30 years experience investing in and leading high growth companies. As Chairman & CEO of MSA Industries, he led the company's growth from 200 to 2,000 employees, and a 63% CAGR during the 3-year period prior to its sale to DuPont. He then served nine years as Chairman and CEO, MacGregor Golf Company. Most recently, he was Managing Partner, The Parkside Group LLC. Barry has a history of creating shareholder value and leading global teams in strategy, marketing, finance and M&A.

UCLA BA.

（图片来源：https://www.crunchbase.com/organization/loyal3）

显微镜下看产品

① 是不是心动啦？那下面我们来看看这个产品的使用流程吧！首先是：注册、登录。

② 进入主页面，其中展示了用户的投资总额、买入的股票名单以及可用于买入的现金数目。下面是操作栏，有三个按钮选项：主页面（Overview）、选股&购买（Browse&Buy）和历史交易记录（Transactions）。

③ 单击中间的按钮（Browse&Buy），就进入股票列表了。单击想要购买的股票，会进入个股界面，显示股票现价，还有两种购买方式：每月投资固定数额或者一次性购买一定数额。

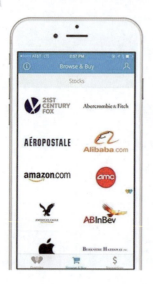

密探提示

如果最近有能够通过Loyal3购买的IPO或者增发股票（Follow-ons），在选股&购买页面会出现独立的IPO或者增发股票选项。打开它可以阅读要上市的公司交予证监会（SEC）的文件，以进一步了解公司及要发行证券的细节，同时注册想要购买的股数。按先到先得的原则，如果幸运排到IPO股票，用户将有两小时的考虑时间要不要最终支付购买。

继续看市场

商业模式

显而易见，对于一个公司本身的发展来说，除了要保证自己的服务平台外，还要找到稳定的盈利模式。而对于 Loyal3 而言，如果他们不像传统的 Brokerage 公司那样向用户收取手续费（Commission Fee），那么他们是怎样获利的呢？根据 Loyal3 官方的说法，因为他们提供了一系列用户可以交易的股票，而那些股票的发行商就是他们的合作商，每一笔用户做成的交易，他们就从那个合作商收取一定的费用，不过具体的金额就没有透露了。因为不收取用户的任何费用，这也强调了 Loyal3 一直坚持的理念 ——"投资者的钱 100% 用于购买股票"。

同时，Loyal3 并没有在接收到用户的订单之后立即执行该订单，它会在收到了一些用户的订单之后，汇合在一起通过 Batch Traded 的方式一起执行总的订单，所以会有可能 Loyal3 在汇集了各个用户的订单之后，并没有发去交易所执行订单，也可能存在买卖双方，那么他们就只是进行了买卖双方账户间股票的流通，所以不需要支付这部分的 Transaction Fee（交易费用）。

竞争对手

虽然在本小节开头的表格中看到目前市面上有很多用于股票投资的金融软件，但 Loyal3 公司成立于 2008 年，而且到目前为止，他们已经从多轮风险投资中募集了 5000 多万美元的投资，用户数量持续增加，特别是 Loyal3 简单的操作模式以及可以直接购买 IPO 的能力吸引着大量的投资者，所以就当前而言，Loyal3 还是有着很好的资本和成长空间的。

> 投资从此随心所欲

4.2 Stash：晓明 Baby 投资有一套，老美投资更有新花样儿

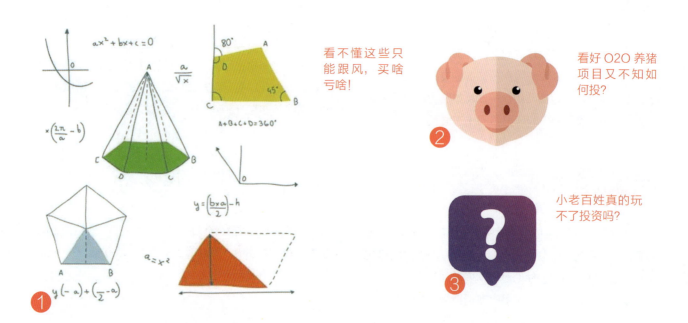

1. 看不懂这些只能跟风，买啥亏啥！
2. 看好 O2O 养猪项目又不知如何投？
3. 小老百姓真的玩不了投资吗？

什么是 Stash

Stash 是一款投资理财 App，让你可以根据兴趣、信任和目标来使投资变得很简单。起始投资额也非常低，只需要 5 美元。

公司概况

成立时间：	2015 年 2 月 19 日
总部：	纽约
网站：	http://www.stashinvest.com
创始人：	

第 4 章　互联网金融产品

融资情况

种子轮：150 万美元，2015 年 8 月 12 日

显微镜下看产品

（1）教程及信息审核

① 首次打开 Stash 会有一个欢迎页面，强调这款产品可以从 5 美元起始，无论什么时候，都能对投资组合进行关注、购买、贩卖、提现等。之后就可以开始选择第一个投资项目。可以在众多的投资组合中选择适合的项目，Stash 会优先推荐"Moderate Mix"（稳健混合投资），适合于尝试中度风险的投资者。

② 选中后就可以输入投资金额了。密探认为这么早输入金额有点突兀，但 Stash 这么设计是为了吸引大家先用起来。仔细一想也对，先填写一个小金额吧。

③ 然后就是绑定你的银行卡了，Stash 支持几乎所有美国大型银行的借记卡。

④ 然后，你就要经过 Stash 的身份和税务信息核对了，其中包括国籍、是否是美国永久居民、签证类别、签证截止日期、出生地、SSN（社会安全号用于报税）等。若不能核实这些信息，你就使用不了 Stash 的各项功能。

77

⑤ 在让你正式使用 Stash 前，系统还会问你一些问题，就是你或者你的家人是否与证券商等有关系，然后你就可以进入主界面了。

（2）功能页面

① 在"档案"标签页中，最明显的数字表示你当前所有投资价值总和。有个非常有心的设计是 milestone（里程碑），还有几项数据指标：total return（总收益）数值和比例，以及 cash balance（现金结余）。下方是投资组合的基本信息陈列，包括投资组合名称和投资额。

② 在"结余情况"中，柱状图按月显示账户收支情况。柱状图的不同颜色表示不同属性：白色表示当月结余量；红色表示取钱额；绿色表示投资额，投资和收益在比例和趋势上一目了然。Stash 也给出了"一键进行投资"按钮，方便不断跟进。

③ 在"预期"页面中可通过分析系统了解每月的投资和市场表现是如何影响账户长期价值的。譬如右图中，在有一些结余的情况下，如果保持每月 50 美元的投入，预计一年后会达到 2337.39 美元的结余，并且会有 5 年后，10 年后的数据。这对于了解投资项目和增加投资信心是很好的参考。

密探提示

值得一提的是，每一个专有名词右上方都有一个小问号符号，单击后将会在右侧弹出解释信息，譬如这里的"现金结余"表示你在 Stash 账户中存着的但未用于投资的钱。

（3）探索发现功能

① Stash 的第二个重要页面是 Discover（探索发现）页面，它平行于主页面。在这里可以找到很多根据行业领域为你规划的投资组合产品，比如智能机器人、国防、地产、健康医疗等。整个页面可以根据 I Believe（我相信）、I Want（我想）和 I Like（我喜欢），有针对性地找到看好的行业、你规划进入的行业以及感兴趣的行业，从中挑出投资组合进行个性化投资。

② 对感兴趣的投资领域可进行收藏，所有收藏选项都会记录在 My Bookmarks（我的书签）中，方便随时跟踪。因而，在探索投资组合时，看到心动或犹豫不决的别忘了单击右上方的"书签"图标，这样就可进行跟踪研究了。

③ 进入某一个投资组合后，如 American Innovators（美国创新者）可看到一些简介"你将投资一些可以改变世界的科技公司，如苹果、谷歌、Facebook"，也可以看到这个组合的投资风险评级、有哪些主要公司、分别占投资组合多大比例。

密探提示

除此之外，还能看到这个投资组合的价格波动以及在 Stash 整个社区或者同类的投资者社区中其他人的投资情况，如这个类别，和小探类似的投资者中只有 8% 也持有。当然，看中这个产品准备投资时，只需点击上面的橘黄色按钮，是不是迫不及待要试一试了？和玩大富翁游戏一样简单哦！

继续看市场

自金融危机以来，美国股市投资者的比例明显下降。根据近期 Gallup 的最新调查报告，2015 年有近 45% 的美国成年人不参与股市的投资活动，然而主要原因是由于资金不足和不懂相关专业知识（Bankrate Money Plus Survey，March 2015）。

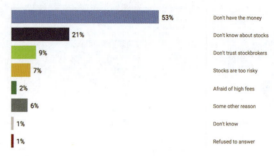

从投资者的收入状况与年龄来看,年收入低于3万美元的人群有80%没有选择股市进行投资,并且投资者的年龄日趋年轻化。

针对这个低收入的人群且越发年轻态的投资市场,Stash Invest 开户额低、简单易懂的操作和投资 ETF 这个操作费用相对低的项目(ETF 是一种跟踪"标的指数"变化,且在证券交易所上市交易的基金)特点,能吸引更多人参与到投资活动中。

商业模式

Stash Invest 的收入来自于对不同级别的用户所抽取的服务费。收费十分简单透明。对于账户金额在 5000 美元以下的用户收取每月 1 美元的订阅费,而对于 5000 美元以上的用户收取账户金额一年 0.25% 的手续费。

竞争对手

(1) Acorns

Acorns 是 Stash 最大的竞争对手,主要方式是利用闲散资金投资用户可承受风险范围的产品。Acorns 是第一家提出小金额投资理念的公司,于 2014 年 8 月推出苹果版本的手机应用,继而于 9 月推出安卓平台的应用。短短 8 个多月,Acorns 在 2015 年 4 月已经完

成了 C 轮 2300 万美元的融资。2015 年 5 月，此产品也进入了澳大利亚的市场，开启了全球市场扩张的道路。网络投资界面和可携带式产品的 App 开发，成为 Acorns 的下一个目标。

Acorns 同样拥有 5 美元最低投资金额的要求，收取手续费与每月订阅费用为其主要盈利模式。然而，它最大的特色在于根据用户风险承受度和市场变化自动调整资产分布来达到投资最优化的状态。创始人父子 Walter Cruttenden 和 Jeff Cruttenden 本着普及和教育下一代的投资理念，对于学生这个群体完全免去了手续费，让他们能学习投资理财，这也加速了产品的推广速度。

（2）E-trade Financial

由 E-trade 开发的这款投资软件已经很成熟，涵盖了苹果、安卓用户的 App，同时其网页与 AppWatch 的 App 也都已经完全覆盖。资金流动便捷、操作高效、投资产品选择多样化与很好的客服，成为它在市场立足的原因。从产品可选范围来看，涵盖了股票、金融衍生产品和基金等，是服务于比较专业的投资人的一款产品；但是其 500 美元的开户金额相对于 Acorns 与 Stash 确实高了很多。E-trade Financial 的盈利方式也是收取手续费。

然而，其他的大型投资公司所开发的 App 也拥有庞大的市场与很强的竞争能力，如 Fidelity、Vanguard 和 DriveWealth。对于资金充足且长期在市场中进行投资的人士来说，这些 App 会成为他们优先考虑的对象，是因为其高效的资金流动性和多样的投资项目可选性。然而高额的开户费自然降低了这些 App 的普及率，在市场上 Acorns 和 Stash 更容易在群众中快速扩散。

> 让薪资管理愉悦起来

4.3　Gusto：硅谷独角兽公司竟然上班不让穿鞋

① 有这么一家神奇的创业公司，员工上班都不能穿鞋

② 员工每年一张飞往地球上任意地点的机票，来一场说走就走的旅行

③ 这家神奇的公司做的是 SaaS 业务，2015 年营收增长 10 倍

④ 作为 Y Combinator 企业孵化器的项目，同时获得 GoogleCaptial 和 Google Venture 投资

⑤ 他们内部所有的商业数据和财务资料对所有员工公开，员工连公司银行账户还剩多少钱都知道

⑥ 没错，就是这家刚刚改名为 Gusto 的公司，本密探有幸走访并和内部员工亲切交流（蹭饭）

为何改名 Gusto

说到 Gusto，不得不说它的曾用名是 Zenpayroll。说实话，它的改名挺令人吃惊的，因为 Zenpayroll 这个名字其实很好（据 CEO 说是去 YC Demo Day 前一天晚上想出来的）。拜乔布斯所赐，Zen（禅）一直在硅谷很流行，而以 Zen 开头的公司发展得都不错，比如 Zendesk 上市了，Zenefits 也是冉冉升起的新星。"Gusto" 这个词来自西班牙语，是美味的、兴致勃勃的意思，也常用在食物上。官方解释是说 Gusto 是着眼于未来，一

第 4 章 互联网金融产品

方面 Gusto 将拓展除了薪资管理（payroll）外的其他业务，另一方面希望 Gusto 能给客户带来愉悦的感觉。他们的宗旨是 Delightfuly Modern Payroll（令人愉悦的时尚薪资管理软件，这是打 ADP 的脸吗），我暗自猜想也有可能是因为 CEO 是吃货。

公司概况

总部： 旧金山

网站： http://www.gusto.com

简介： Gusto 致力于为用户提供简单快捷的薪资管理服务，目前主要服务对象是中小企业，包括科技初创公司、餐馆和杂货商店等。基本背景是在美国各州、地区之间的税率计算极其复杂，美国人数学普通不好，所以薪资和税务的处理已经成为全职工作。小公司很多依赖专业会计师进行管理，但是大公司基本上依赖传统的薪资管理服务商，比如 ADP、Intuit 以及 Paychex 等。目前 Gusto 已经为约 2 万家小型企业提供服务，已经处理超过 20 亿美元的薪酬。

创始团队： 三位创始人都是斯坦福毕业生，都是连续创业者：CEO Joshua Reeves 在创立 Zenpayroll 前是 Unwarp 的 CEO 和创始人，而其他两位之前都是 Y Combinator 公司的创始人，Tomer London 入选 2013 年 Inc 评选的 30 位 30 岁以下创业者，Edward Kim 之前则是 Android 的明星开发者，他开发的 Car Locator 等 Android App 已经给他带来百万美元收入。最值得一说的当然是 CEO Joshua Reeves，他当年为 Zenpayroll 募集了 600 万美元的种子轮资金，投资人都是巨头，除了一些是老相识和斯坦福校友，他还有一个融资秘诀，就是让投资人推荐两三个其他投资人，当然是找看好你的投资人推荐，否则适得其反。对 Joshua 感兴趣的同学可以看看他在斯坦福的演讲，反复强调创业是场马拉松比赛。

企业文化： 忘了说为啥上班不让穿鞋了。Gusto 之所以这么做，是为了让员工觉得在公司和在家一样舒适和自由。Gusto 一个核心文化就是透明，这个透明不是停留在纸面上，而是落实在各个方面，除了前面提到的对员工公开所有内部的商业数据和财务资料，Gusto 还有每周的 AMA（Ask Me Anything，自由提问）会议。透明还表现在招聘流程中，招聘过程中除了会提供给应聘者面试官名单外，应聘者还可以申请获得面试官的评价和反馈。让面试者又爱又恨的一点就是：如果 Gusto 收集前一轮反馈结果不好的时候，还会告诉面试者并提前结束面试。另外一个核心文化就是要有主人翁意识（ownership）。举个例子，Gusto 并没有单独的测试团队，工程师自己写测试程序，自己负责代码的质量，当然也要"code review"。不过在创业公司要有主人翁意识也往往意味着要经常加班。

融资情况

公司现在估值是 5.6 亿美元,下一轮融资后公司估值将超过 10 亿美元,成为下一个独角兽。偷偷打听了一下现在的现金流情况,现金流也很理想呢!

显微镜下看产品

① Gusto 的产品用起来非常傻瓜化。单击客户端的 Run Payroll(薪资管理)你就会发现 Gusto 使用小箭头来提示你第一步要做什么,并附上了一个便利贴"是时候让你的员工开心开心了,当然,也让政府开心一下。"不忘调戏一下政府将会收税,果然是年轻公司的心态。

② 在同一页面输入每一个员工的每小时工资、其他补助以及报销金额。在某一项中输入金额的时候,会出现该栏代表内容的提示,这些小细节都能防止出错。再粗心的人也会多长个心眼。

③ 还可以集成其他 Time Card(时间卡)工具或者手动输入度假和病假天数,两种假期的付薪情况是不一样的。

④ 单击计算薪酬,即可完成这期的所有员工工资单计算了,是不是很容易?

薪酬结算成功后存入需要支付的薪资总额,系统会帮你完成最后的薪资发放工作。还可以设置自动运行模式,你只需在设置界面设置开启,这样的话每个月会自动进行计算。

> **密探提示**
>
> 目前小探只用到了 Zenpayroll 的界面,在改名成 Gusto 后,无论从功能还是界面上都会有一次提升。值得注意的是,在侧边工具栏中,还有一些其他的功能页面,包括给合同工发工资、薪资管理历史、员工福利等。Gusto 的核心就是让薪资管理变成愉悦的体验,Gusto 所有的产品都是基于 Web 或者 App,数据存储在云端,不需要烦琐的盖章签字和纸面劳动,而且很方便接入中小企业。Gusto 非常注重数据安全,除了传统的加密、物理备份、异步验证、入侵检测外,据说 Gusto 还邀请 Cyber Secruity 的"黑客"来攻击他们的系统。

继续看市场

 商业模式

Gusto 目前的商业模式比较简单:收取服务费。收费标准是这样的:使用 Gusto 服务的公司首先每月需要支付 29 美元,然后每位员工每月再支付 6 美元。举个例子,如果一家公司有 5 个人,那么公司每月需要支付的费用总和为:29 美元 +5×6 美元 =59 美元。而竞争对手 ADP 和 Intuit 等的收费大概是其两到三倍。目前 Gusto 主要用户是员工数 1~100 人的中小型企业,而 CEO 表示他们将拓展到 1~500 人的企业,这也将成为他们新的增长点,并加剧和巨头之间的竞争。Gusto 正筹备进军企业职工福利(benefit)业务,其中最赚钱的医疗保险业务(health insurance borkers & agent)已经在加州开展,而这一块的领跑者 Zenefits 虽然创业才两年,但是已经估值 45 亿美元。

在美国有 600 万家公司需要发放工资单,其中 40% 的公司仍旧用原始的人工方式管理工资单,三分之一的公司因为工资单的相关错误遭到罚款。而 ADP、Intuit 和 Paychex 就将近占据 500 亿美元的市场份额,粗略估计便知这是一个超千亿美元的市场。

根据 Aite Group 的调查数据,2012—2016 年,美国薪资管理和预付费市场逐年递增,年平均增长率高达 19.9%;2016 年的薪资管理将达到 626 亿美元,预付费市场将达到 1060 亿美元,真的是个千亿级市场啊!所以,这些做企业服务的公司有着十几亿乃至几十亿美元的估值也就没那么奇怪了。

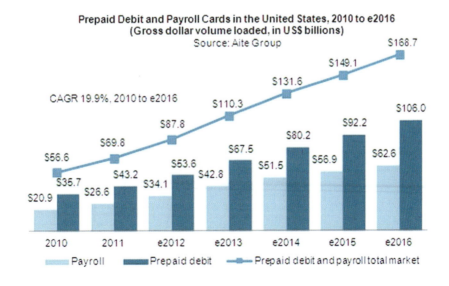

竞争对手

（1）老牌服务商 ADP、Intuit 和 Paychecx

ADP 创立于 1949 年，总部在新泽西，主要客户是大中型企业，服务面广；Intuit 创立于 1983 年，总部在加州，主要客户是大中型企业；Paychex 创立于 1971 年，总部在纽约，主要客户是中小型企业。

如果是一个 5 人的公司，Gusto 收费是每月 59 美元，Intuit 的收费是 89 美元；一个 10 人的公司，Gusto 收费是 89 美元；Intuit 的收费是 99 美元，而且还有繁杂的额外收费项目，ADP 和 Paychex 的价格不详，有消息称每月至少 115 美元。

除了在价格上有优势外，Gusto 还能够为用户提供更便宜和简单的服务。用户只需 10 分钟便可在网站或者移动端上完成注册并使用，所有操作都是基于网页或 App，其老少皆宜的交互界面和通俗易懂的操作，大大简化了处理流程，减少了中小企业的人力成本。而这些传统薪资管理（Payroll）领域的巨头产品往往服务费较高，用户体验差，而且流程烦琐，甚至有些对用户有技术门槛。

（2）Zenefits 新兴独角兽

虽然 Gusto 不愿意承认 Zenefits 是其竞争对手，一部分原因是他们两家背后有多家共同投资人。但 Gusto 改名进军员工福利业务已经把战火点燃，Zenefits 也即将发布专门的薪酬服务平台与 Gusto 对抗，真是"相煎何太急"啊！Zenefits 和 Gusto 的竞争将主要集中于员工福利业务：通过购买保险和其他人力资源管理服务赚取中介费用。不知面对 Gusto 的竞争，Zenifits 这只在硅谷之前爆红的黄色小鸟是否依然能平稳飞行？

第 4 章 互联网金融产品

> 转账无国界

4.4 Coinpip：马云颠覆中国电商，这家伙要颠覆全球金融体系

据说 2010 年的时候，有人将 1 万个比特币定价为 50 美元，那么每个比特币价值不到 1 美分，但今天，1 比特币等于 322.43 美元，请算算，这是多少倍？

什么是 Coinpip

Coinpip 使用 block chain（区块链）技术通过（比特币 bitcoin）来实现不同国家之家的转账服务，从而帮助跨国商业和远程员工进行转账和支付。

公司概况

成立时间：	2014 年
总部：	新加坡
网站：	https://www.coinpip.com/
创始人：	Anson Zeall，Arseniy Kucherenko，Alexander Angerer

融资情况

种子轮：	10 万美元，2014 年 11 月

87

技术支持

我们前面已经提到 Coinpip 是使用 block chain 技术通过比特币来实现转账，那么什么是比特币和 block chain 技术呢？相信大家对 bitcoin（比特币）多多少少都会有些了解，它本质上是一种虚拟的电子货币，而对于这种因特网上的虚拟货币，用户怎么说他拥有多少比特币，同时他又是如何流通的呢？这就涉及比特币领域可能最有创造性的技术——block chain（区块链）。block chain 是全球比特币的一本总账，每一笔比特币的交易和流通都会作为一个 block（区块）加到这个按照时间排序的 chain（链）里面去，因为每个 block 都有一个 hash 值，而且他还包含着前面一个 block 的 hash 值，所以整个 chain 的顺序是不会乱掉的。同时每一个 block 是技术上不可以被更改的，因为一旦被改变，它的 hash 值会被改变，那么所有后面的 block 都要被重新生成才能保证 chain 的连续性。block chain 只有一个源头 block 和一个主链。当然 block chain 也会出现支流，但是这些 block 都是没有用的，除非其中合法的交易被加入一个新的 block 放在主链上。因为 block chain 是网络上的存在，从理论上讲有因特网的地方就可以进行比特币的交易，所以 Coinpip 使用 block chain 技术可以涉及全世界大部分的国家。他们把银行账户里面的钱换成 bitcoin，然后通过 block chain 交易到目标国家，再换算成当地货币存入银行。

显微镜下看产品

Coinpip 旨在提供更快捷、更便宜的国际转账业务，而且不收取外汇费用，不设最低金额，同时只收取 2% 的服务费，并提供多种支付的方案。Coinpip 使用 block chain 技术来安全快捷地转账，它的业务范围覆盖了中国、菲律宾、印尼和印度。那么 Coinpip 到底可以快捷到什么程度呢？马上体验吧！

 Send money safely and quickly using blockchain technology.

 CoinPip is an effortless way to send money to countries including China, Philippines, Indonesia & India

 Log in and simply enter your recipient's email, currency & amount. Let us handle the rest, as we transfer the funds directly to your receiver's bank account. Yes, it is that easy!

第 4 章　互联网金融产品

① 整个转账的过程包括三步：（1）输入收件人的信息（收件人邮箱、货币种类和金额）；（2）Coinpip 会帮助用户追踪钱的位置，并及时通知用户；（3）钱会进入银行，从而到达收件人的银行账户。

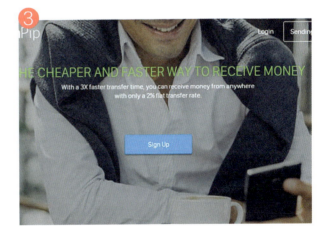

② 在使用 Coinpip 之前，你需要在 Coinpip 的官网上完成用户注册和信息验证，其中包括：（1）个人和账户信息；（2）个人身份的证明；（3）个人地址的证明；（4）个人银行账户的信息。

③ 在 Coinpip 完成对你所有注册信息的核对之后，便可以转账了。另外，Coinpip 还提供了 request money（收钱）的功能，它可以保证接收从任何地方过来的转账，只收取 2% 的手续费，并且速度快三倍。Coinpip 保证你可以在 48 小时内收到全款。

密探提示

收钱与 send money（打钱）唯一不同的是，你需要输入的是发款人的邮箱，而不是收款人的邮箱。

继续看市场

我相信很多人见过、用过或者至少也听过比特币，但是对它其实并不是很了解。既然是用比特币作为转账媒介的话，那对 Coinpip 的了解一定要从比特币开始。

下面稍微详细介绍一下。比特币称为"电子价值存储器"，是一种支付系统，由日本人 Satoshi Nakamoto 发明。想象一下游戏币就不难理解比特币的作用。该系统作为一个开源软件，上线于 2008 年。比特币是第一个去中心化的数字货币，通过连接互联网使用，比特币可以在人与人之间直接传送，不需要通过银行或者清算中心，所以交易费用非常低。在地球上任何一个国家，只要可以连接到互联网，都可以进行交易，而且你的账户无法被冻结，不需要任何条件，也不会受到控制。

比特币的工作原理非常简单，现在比特币的交易平台很多，你可以在上面出售或者购入比特币。当然，你需要选择美元、欧元或者其他真实世界中的货币去购买。你拥有的比特币保存在你的电脑或者移动设备上的数字钱包内，可以用来购买很多现实生活中的东西。如同你购买游戏币一样，比特币支付系统就是这个游戏。

比特币的网络受到众多个体保护，这些人就称为"矿工"。他们就是你经常在新闻里看到的在家里装一堆机器挖比特币的人。"矿工"可以通过确认交易从而获得新产生的比特币区块奖励。比特币交易被确认以后，这些记录会保存在一个透明的公众账号上。所有人都可以看到。比特币的数量是有限的，"矿工"只能通过算法产生，它就类似于央行的功能。这就是为什么比特币作为一种虚拟货币却没有贬值之苦。

比特币的程序软件是完全开源的，任何人都可以检查代码。比特币对金融业的影响可以用互联网对零售业的改变进行比较。

那么在全球货币电子化的大背景之下，比特币的出现和流行确实是有原因的。而 Coinpip 作为一种以比特币作为切入口的转账机构，是非常具有时代性的。观察比特币的交易可以看出，交易频率在 1 秒钟 3 个左右，虽然大部分是零点几比特币的交易，但是也有上百的比特币交易。由此来看，每天通过比特币交易的量确实非常惊人。

那么全球的转账市场有多大呢？2009 年发展中国家是 3160 亿美元，发达国家是 1190 美元；而到了 2015 年发展中国家则到了 5340 亿美元，发达国家是 1510 亿美元。从中可以看出，发达国家并没有长足的

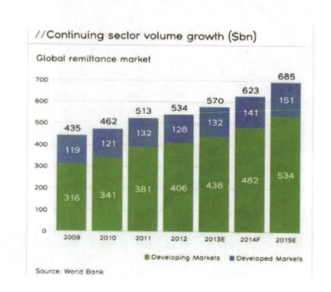

增长，而发展中国家的增长则是巨大的。Coinpip 这样的转账公司侧重点应该是发展中国家。

再来看看比特币的全球转账手续费市场份额和目前全部转账手续费的对比图：基于比特币的转账手续费规模是 50 亿美元左右，目前汇款手续费规模是 490 亿美元；数据对比一目了然，全球的比特币转账服务的上升空间非常大。

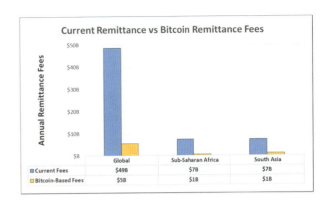

全球的钱在世界范围内的转账体量如下图所示。我们可以看到，最粗的两条线是中国到美国，美国到墨西哥；其他几条比较粗的线还包括美国到菲律宾，美国到印度，中东到印度。虽然数据来源是 2011 年的，但是参考性还是很大的（具体数据比较模糊，图片只是拿来做大概参考）。当然，比特币的出现对于各国的金融监管构成了强大挑战，一些国家和地区也宣布比特币是非法的，如中国的台湾地区；但是也有相当多的国家和地区对比特币说了"yes"，如美国、加拿大、澳大利亚、欧盟等。

值得一提的是：中国大陆官方规定，金融机构用比特币作为支付手段是不允许的，但是个人之间的比特币交易是自由的，这也让中国成为了全球比特币最大的市场之一。

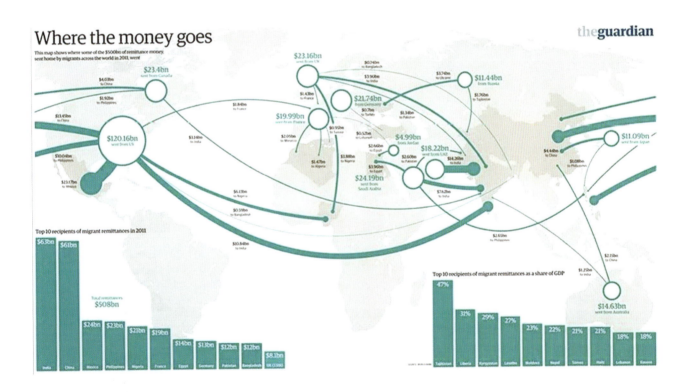

商业模式

既然作为转账机构，盈利模式自然是手续费了，2% 的手续费是其现在主要的盈利方式之一。

 竞争对手

Coinpip 是一家转账机构，那么它的竞争对手当然是有相当数量了。

（1）Coinify

Coinify 也是一家比特币支付公司，成立于 2010 年，该公司刚刚收购了 BitcoinNordic 比特币交易公司。

右侧图片从上到下依次是该公司的董事会主席、CEO、CPO、CFO 以及 CTO。从公司成员年纪、公司结构判断，这家公司并非走的是 Coinpip 的初始公司类型，公司高管或多或少都有大量成功企业的工作经验，且背后有一个强大母公司支持，风格稳扎稳打，并且大手笔的并购也说明其实力不可小觑。个人认为其竞争力还是非常强大的。当然 Coinpip 的优势也显而易见：灵活多变！在比特币支付这种变革行业中，它也不一定会处于下风。

（2）Coin Commerce

这也是一家成立于 2013 年的以比特币商业为主打的公司，也是一家初创公司，公司雇员在 2~10 名之间，它的侧重点在小商业行为的服务上。同时，它宣传自己无须借助任何科技的概念，寄希望于比特币成为一个简单易用的支付电子货币。

其侧重点虽然是小商业，但是同样也可以视为转账服务的一种，从公司网站建设以及成立时间和雇员人数判断，公司规模还属于种子阶段，个人观点是他们的网站视觉效果需要全面提高。

第 5 章

共享经济产品

这是一个共享的时代,更是一个共赢的时代。或者换句话说,这是一个单打独斗很可能要"死翘翘"的年代。2014 年,共享经济在全球五大主要区域内已经有大概 150 亿美元的规模。预计到 2025 年,它的规模将达到 3350 亿美元。衣食住行,吃喝拉撒,在这个什么都已经被"共享"了的年代,时代的车轮滚滚向前,碾压着传统服务业的各种业态。共享经济这种基于使用场景的、对物权价值极大化并以时间为维度共有化的商业形态,正在以摧枯拉朽之势改变着服务业的地平线。在这一章里硅谷密探带着大家到硅谷探寻一下在宠物照管、汽车使用以及兼职工作信息的一些最热门领域的共享经济服务。

精选案例:

- DogVacay
- WaiveCar
- Wonolo

Bye, 传统宠物寄养！

5.1 DogVacay：让全世界照顾你的狗狗，爱犬寄养的 Airbnb

① 我叫Victor，所以这小子也叫Victor。

② "他"生下来就和我在一起。我带他散步、读书、打球。

③ 但是我没法带"他"旅游，将"他"托运我一万个不放心，况且"他"也会不高兴的。

④ 怎么办呢？

⑤ 直到密探给我说了DogVacay！

什么是 DogVacay

DogVacay 是一款为宠物提供临时主人的手机应用，云集了两万多名爱狗人士，他们来自 3000 多座不同的城市。

公司概况

成立时间：	2012 年
总部位置：	旧金山
创始人：	Aaron Hirschhorn，Karine Nissim
网站：	https://dogvacay.com/

融资情况

天使轮： 2012 年 5 月，100 万美元；2012 年 6 月，未披露金额。
A 轮： 2012 年 11 月，600 万美元。
B 轮： 2013 年 10 月，1500 万美元（Foundation Capital）；2014 年 11 月，2500 万美元（OMERS Ventures），投资人包括 Andreessen Horowitz 这样的重量级 VC。

显微镜下看产品

① 如果你使用过 Airbnb，就会发现其实 DogVacay 和它的使用界面很像。单击界面的左上角，使用者首先可以进行信息注册，其中可以绑定 Facebook 和 Email。

② 注册完毕后可根据地域、时间、价格高低筛选合适的看护人，资料十分完整。键入搜索关键词，DogVacay 会为你推荐匹配的人选，最基本的价格、地点和照片都清晰地显示在列表里。

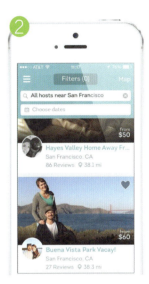

③ 小探被这对夫妇温馨的照片吸引，于是进入他们的详情页。细节包括：申请面谈、提出问题和申请预约的功能按钮。把宠物送往他们家照看和他们去你家照看是不同的价格，后者往往稍贵。

④ 可以看到这对夫妇已经使用 DogVacay 两年了，照看过 30 多只狗狗，有 DogVacay 颁发的资格认证，有 8 个忠实顾客，完成两门照看宠物的课程，有高级保险，有 Facebook 的实名信息等。

5 还会列举一些特殊技能和资质，如：20 年的养狗经历，口服药物管理员。再往下是用户的具体评价。

6 在"更多信息"可查看他们住房的概况、是否是 24 小时照看、应急交通手段、是否可取消预约、是否可最后一分钟预定，以及他们接受狗狗的年龄和身材。这对夫妇真的不错，能应对各种类型的狗狗。

7 再往下翻屏，就到了日历页面，你可以查看当前预约情况，选择最合适的时间。

8 最后是看护者的联系方式，包括居住的大致位置的地图显示，还有客服电话可以直接一键点击哦！

密探提示

特别值得一提的是这个宠物课程，DogVacay 提供有趣而又丰富的课程来教这些看护者科学、合理地照看宠物。小探这里还要特别强调一下：每个看护者的服务页面真的很详实，价格也是分类明晰的，包括住家看护、早间看护、接送看护等服务，总有一款适合你和你的爱犬。

继续看市场

商业模式

对于宠物安全问题，首先DogVacay提供了不同种类的动物保险，最高可达25000美元，且该公司与各个当地的宠物医院建立了合作关系，以应对宠物的突发事件。另外，该公司为宠物购置了GPS追踪项圈，而看护者也会将宠物的日常生活通过视频照片定时发送给主人，以确保宠物的生活情况，让主人安心。

其中最值得关注的是DogVacay开辟了专属的blog（博客），在这个blog中大家分享关于宠物的一切信息，包括如何成为一个更好的主人，在饲养宠物时的各种注意事项等。或许当狗狗不开心时，这个blog可以提供解决的方法。

当然了，如果你想成为一名看护者，想和更多的狗狗成为好朋友，可以直接登录该网站，注册成为看护者；网站的工作人员会对申请者进行仔细筛选，调查背景情况并且会有面试，在每天收到的申请中，大约有三分之一获得批准。除此之外，每笔交易成功，DogVacay会从看护者那里收取15%作为服务费。

根据美国宠物产品协会（American Pet Products Association）数据，美国的宠物市场是一个年增速4%~4.5%、总值600亿美元的持续增长型市场。

宠物市场

这个市场拥有很成熟的市场细分：

细分市场	2014（实际市值）	2015（估计市值）
宠物食品	222.6亿美元	230.4亿美元
宠物用品&非处方药	137.5亿美元	143.9亿美元
兽医护理	150.4亿美元	157.3亿美元
宠物购买	21.5亿美元	21.9亿美元
宠物美容&寄养	48.4亿美元	52.4亿美元
总值	580.4亿美元	605.9亿美元

可以看到，DogVacay 所处的"宠物寄养"分类，仅占整个市场的 8%，相对于整个市场还是很小的一部分。但同时，这个分类有着 8% 的增速，大于 4%~4.5% 的市场整体增速，可以预见这个细分市场将进一步发展、扩大。另一方面，从宠物狗/猫的数量来看：根据 2015—2016 年美国宠物用品协会对全国宠物主的调查报告（APPA National Pet Owners Survey），美国全国一共有登记在册的宠物狗 7780 万只，宠物猫 8580 万只。DogVacay 在 2014 年 6 月时公布过一次数据，从 2012 年创立到 2014 年 6 月已经有成交超过 50 万夜的过夜寄养；而到 2014 年 11 月，这个数值增长了一倍，达到 100 万夜。针对宠物狗/猫的总数来说，这个数值还有非常非常大的增长空间。

竞争对手

DogVacay 的竞争对手有当地的养狗场、连锁的宠物寄养公司（如行业内规模最大的 PetSmart）以及其他宠物寄养搜寻/配对的网站。

当地的养狗场：规模小，无法产生规模经济，因此费用较高；把很多狗（20~30 条）关在一起寄养，这种方式越来越不被狗主人们认可。

连锁宠物寄养公司：需要有场地、雇用工作人员，这都是很大的开销，因此收费较高。同时，这些开销将限制公司的扩张速度，无法快速在多地点开设足够多的店面。

其他宠物寄养搜寻/配对的网站：

- Rover：提供与 DogVacay 一样的服务（快速简单找到宠物看管者）。
- Petsitter.com：宠物看护者可以在 Petsitter.com 上发布广告介绍自己的看护服务，宠物主人通过在网站搜索找到中意的看护者。
- Spotwag：不放心把宠物交给陌生人？Spotwag 通过 Facebook 的关系网，为宠物主人寻找放心的看护者。

其中，Rover 是 DogVacay 最大的竞争者，因为它们提供的服务、盈利模式（都是收取 15% 的服务费）、提供的附加服务（都有 24/7 客服支持、宠物保险）几乎都一样。

就规模来讲，Rover 略胜一筹，它在 10000 多个城市中有 40000 多名看护者；而 DogVacay 目前还只有 20000 多名看护者，涵盖了 3000 多个城市。但 DogVacay 有更为严格的看护者筛选机制：有超过 10 万人申请作为 DogVacay 的看护者，而通过审核、培训以及推荐机制，只筛选了 20000 多人作为看护者。更加严格的筛选机制将确保未来更好的用户体验。

就用户评价来讲，Rover 和 DogVacay 都赢得了非常高的评分：分别为 4.9 分和 5 分。网上的评论也非常正面，很多宠物主人特别提到两家公司的全天候客服非常令人满意。

比较有趣的一点是，很多宠物主人都同时注册了 Rover 和 DogVacay，并且在两个应用的使用中都获得了很正面的经历。

第 5 章 共享经济产品

> 不知道怎么赚钱的租车公司

5.2 WaiveCar：洛杉矶的一家奇葩公司疯了，不收钱租车让你玩

全球最逆天的租车，公司租车不要钱！小探惊呆了……

什么是 WaiveCar

WaiveCar，中文意思就是"免单车"，是个诞生于洛杉矶的租车公司。他们自称是交通界的革命性产品，是一种新形式的智能广告媒体，也是推广清洁绿色能源的先锋企业。听着，有点拯救全人类的感觉！

他们用的什么车

100% 电动，100% 零排放；四座四门小车；每次充电续航 80 英里（1 英里 =1.609 公里）；提供蓝牙；百公里加速 7.9 秒；141 马力。

真的完全免费吗

其实，我们在租用 WaiveCar 的时候，只是每次的前 2 小时免费；在 2 小时后，每小时的收费是 5.99 美元，所以，他们的免费噱头还是有水分的。但是，用户如果都只租 2 个小时怎么办呢？他们到底怎么赚钱呢？靠广告啰，在每辆 WaiveCar 上都装有广告牌。另外，车身本身也是个好的移动广告牌。

99

显微镜下看产品

① 填写注册信息后可直接进入找车页面啦。绿色图标表示车子可使用,灰色图标表示车子不可使用。

② 选取了车后,App 会给出你前往该车的路径。

③ 用 App 解锁进入车后,钥匙也在车中,App 开始对你的免费使用时间倒计时,并显示车辆剩余电量,地图上也会出现充电站、客服的位置。

④ 完成你的旅行后,你只需把车停在街边或者充电站里就可以了。

密探提示

当然,最后把钥匙留在车里,用 App 锁上后,你就可以拍拍屁股走了。然而,身在硅谷的小探,要试用时却看到了大叉!原因很简单,目前此产品只在洛杉矶可以使用。"大山鸡"(洛杉矶)的朋友们,你们太洋气了!

继续看市场

商业模式

在美国,公交广告是户外广告中一个非常大的类别,在 2012 年的时候上涨了 4.2%,达到了 6.7 亿美元。根据美国户外广告协会的调查报告,户外广告的方式具体包括公交车、出租车、火车站、机场的可发现视频网络和数字信息广告牌,除此之外,也包括直接印刷在出租车、公交车、地铁车厢和卡车上的广告。

虽然随着网络数字媒体的日益成熟与发展,越来越多的广告宣传会选择投放在新媒体上进行传播,可是,在某些固定的时间,传统的宣传方式也有着一定的影响力。下面的表格是关于每日广告的受关注度的一个调查,我们可以清楚地发现:在早上 7 点到 9 点上班的时间,下午 1 点到 3 点的午餐时间以及晚上 9 点到 11 点的回家时间,户外广告的影响力还是比网络要大很多的,毕竟那个时候大家都是在户外活动的。

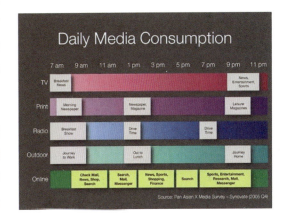

此外,在一份全球广告的发展趋势图中,电视广告和网络广告依旧占据着前两名,遥遥领先,并且网络广告媒体的增长速度较快。由此来看,户外广告的发展趋势以及它的增长幅度都不容乐观,且市场的占有量较小,这也不得不让我们对 WaiveCar 的盈利模式打上一个大大的问号,这样做广告,真的 OK 吗?WaiveCar 真的是在用生命"搞革命"啊!

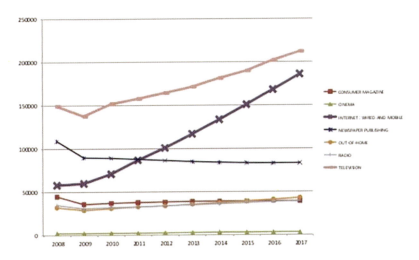

竞争对手

这么奇葩免费给你用车的租车公司，市面上的传统租车公司应该都没谁可以和他们竞争了。那么，他们的对手到底在哪里呢？

没错！由于商业模式更多依赖的是广告商，那他们最直接的竞争对手就是大巴和出租车啦。其实，这样的广告主要靠内容来吸引大家，非常有创意的点子会对大家有吸引力，如果只是干巴巴的文字是没有宣传力度的。

当然，巴士站台广告、大楼电子屏广告、高速公路旁招牌，这些最传统的广告形式在人们出行时依然是最博眼球的。广告内容还得好，这是广告和品牌公司的饭碗啦。

还可以这样工作

5.3 Wonolo：数据显示：34% 的老美已经放弃朝九晚五

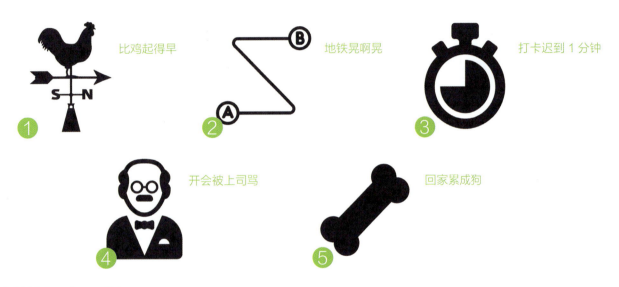

1 比鸡起得早
2 地铁晃啊晃
3 打卡迟到 1 分钟
4 开会被上司骂
5 回家累成狗

如此循环 30 年，不错！

什么是 Wonolo

Wonolo 是 work、now、locally 的缩写，它是 Uber 模式的兼职工作提供平台，为急需用人的企业迅速找到兼职，为求职者提供本地实时工作，不用投简历不用面试，只要你看中，工作就是你的了。

公司概况

成立时间：	2013 年 12 月
总部：	旧金山
创始人：	AJ Brustein，Yong Kim
网站：	http://wonolo.com

融资情况

种子轮： 2013 年 12 月，未公开金额；2015 年 5 月 220 万美元

显微镜下看产品

① 第一次使用 Wonolo，会有个欢迎界面，提示你在 Wonolo 平台上找工作前需要先完成一份"上岗培训"（Start Onboarding）。

② 你需要做一个测验，考察你是否清楚 Wonoloer 的规章制度。测试都是比较简单，测试过程中可参考用户手册来保证答题的准确性。

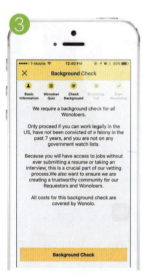

③ 通过测试后进入个人背景调查阶段。调查主要包括你是否可以在美国合法工作，7 年内是否有犯罪记录。因为在 Wonolo 平台上不需要递交简历和面试就可接受工作，所以背景调查会比较严格，费用由 Wonolo 承担。通过调查后就会接到一个电话面试，以完成最后的审核工作。

④ 恭喜你正式成为了一名 Wonoloer！附近的工作随你挑，撸起袖子赚外快吧。平台上提供的职位大多比较初级，比如插画师、设计师、音乐制作、App 测试员、购物体验员，以及宜家家具代买和安装等。

⑤ 挑一个进去看看，仔细阅读，具体要求、职责都在里面。譬如这个工作，是帮助一家叫 Curbside 的购物服务应用做市场调研。下午 3 点半开始，预计时长为 2 小时，地点、工作提供者信息也会给出，方便你做判断。

⑥ 只要单击"Accept（同意）"，工作就是你的了，所以看中就接吧，不然被别人抢走了。不过一旦接受工作，不能取消或者不去，不然轻则账户冻结 3 天，重则账号被注销。惩罚措施还是很严厉的。

第 5 章 共享经济产品

7 在"My Jobs（我的工作）"菜单中可以看到已接受和已完成的所有工作。

8 开工时间到，单击"Start（开始）"。因为 Wonolo 和 Uber 一样会给工作计时，且使用 5 星级评分制度，这将影响工钱和信誉。雇主打的分数越高，今后你就能看到越多的工作，所以每一单都要好好表现哦。

9 工作完后单击"Complete（完成）"，然后等待雇主验收你的工作吧。

10 关于如何领工资，你只需进入菜单中的"Pay（付款）"页面，连接你的银行账户和社保信息，不用等支票，工钱就会自动存入你的账户啦。

继续看市场

Wonolo 的特点是共享经济。而它的潜力就是下一个 Uber，甚至可能比 Uber 还要厉害。它颠覆的是整个世界的工作方式。数据显示，34% 在美国工作的人是自由职业者，大概有 5300 万。

105

以下是5大主要的自由职业者的工作：电脑IT类；数据分析类；移动端和网络端开发；科技类；其他类。

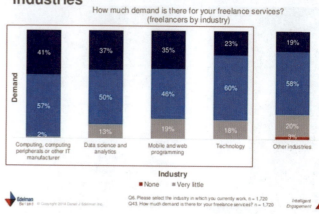

既然说到自由职业市场，自然就要提到互联网渗透率。这张图显示：北美网络渗透率是78.6%，欧洲是63.2%，拉丁美洲是42.9%，亚洲是27.5%，非洲是15.6%。由此可见，这是一个已经形成的巨大市场，而且上升空间很大。

正是拜技术革新所赐，2050年前后，因为科技的迅猛发展，全球50%的人将为自己打工。这意味着：很多人并不是像上世纪的人们一样，辛辛苦苦地为一家公司工作了，只要你有技能，就可以通过网络来实现为多家公司工作。而Monolo就是有着这样理念的公司，你不再需要找工作，而是工作来找你。全球的巨大人力资源市场潜力不言而喻，传统行业所面临的冲击已经悄然来临。

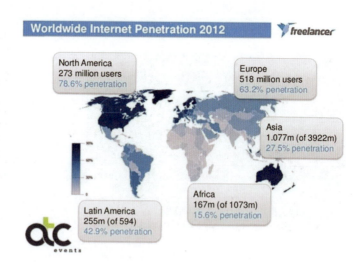

盈利模式

Wonolo会从每一笔签约交易中抽取25%的佣金。对于企业来讲，它解决了按需招工的问题。很多企业都有不可预测的短期劳动力需求，比如设计师、插画师、音乐制作、购物体验员等，通过Wonolo，一些简单的工作可省去烦琐的筛选过程和沟通成本，立即找到合适的人。目前为止，Wonolo已帮助8000名求职者找到工作。对于求职者来说，工作种类多样，时间灵活，不用发简历，不用面试，没有特定的学历和经验要求，工作面前人人平等。

竞争对手

（1）Craigilist

Craigilist 作为一个老牌的信息分享网站（也可以叫美国版"58 同城"），1995 年就创立了，总部在旧金山，大部分美国人都知道这个可以买卖二手车、船、家居等的网站，它的用户基数是 Wonolo 这个初创公司不能比的。如果想要开通 Wonolo 的这个功能，那实际上是完全可以秒杀对手的。对于 Craigilist，大家始终有一个疑惑，就是这么多年过去了，Craigilist 的 UI 还是如此之"低调"，完全不知道他们的美学标准在哪个空间维度。但是，Craigslist 所拥有的海量用户数量，对 Wonolo 这种初创公司每一秒都是巨大的威胁。

（2）Materialup

这家网站是一个专门为设计师和需要设计师的人们所搭建的平台。老实说，其中的设计真的是令人心动，包括游戏人物设计、网站界面设计、Logo 设计在内的很多设计。设计师在自己的主页上有作品展示，你需要缴纳一定费用，就可以和设计师接上头，然后让他为你工作或者和你合作。综观该网站的定位，主要还是设计师的平台，不过，未来的发展就不知道了。

（3）Uber

把 Uber 看作 Wonolo 的竞争对手，你不要惊讶！虽然近年来共享经济的 App 和互联网案例层出不穷，但是最终在硅谷做大做强的只有 Uber 一家。这就是卡拉尼克的过人之处！你不能否认其 500 亿美元的估值和硅谷最有风头的名号，所以，Uber 或许只是把车作为一个切入口，未来如果它想发展其他行业的兼职，恐怕又会在这个共享经济行业掀起一场腥风血雨。最终的洗牌，Wolono 能不能站稳，就交给上帝吧！

教育益智产品

从小听过无数次所谓"寓教于乐"的倡议，不过在现实生活中，真正能做到这一点的教育服务或产品却少之又少。在移动互联网时代，智能手机和移动 App 的结合，给用户（当然主要是孩子们和家长们）带来了前所未有的福利，很多过去 PC 时代想都很难想见的应用场景和使用方式不断涌现，让教育服务产品使用者与内容及服务提供商的交流更加直接，亲切而有趣。同时对于教育产品的开发者来说（当然，这里主要指的是教育产品移动 App 的开发者），也有更多的工具和手段来吸引用户并让他们爱不释手。这种开发者和终端使用者之间的双向红利，正是教育移动 App 这两年迅速崛起的重要原因。硅谷密探在这一章，将带领大家看看硅谷的团队们如何在学龄儿童中普及计算机编程及自然科学知识（算扫盲吧，未来计算机语言可是比人类语言更重要的一种语言哦），在"闲"阶级中普及生活手工小技巧，如何帮助成年人锻炼大脑。

精选案例：

- Hopscotch
- Craftsy
- Tinybop
- Elevate

第 6 章 教育益智产品

在真正的游戏中学习

6.1 Hopscotch：为什么这个教育 App 风靡硅谷

在美国的西海岸，有一个奇特的山谷——硅谷。在这硅谷之中，栖息着一群被人们所知的猿类——程序猿。

① 人们对程序猿的印象大多数是这样的

② 你也尽最大的努力想搞清楚这是什么

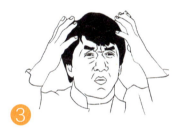
③ 然后你就无语了

④ 若你都无语，想过小孩如何学习编程吗

什么是 Hopscotch

顾名思义，Hopscotch 就是一个跳房子的游戏，一步接着一步。用很简单、容易理解的方式，让孩子们在很生动不枯燥的教学环境下学习编程。

融资：	120 万美金，2014 年 5 月 8 号
成立时间：	2011 年 10 月 1 日
总部：	纽约
创始人：	Samantha John、Jocelyn Leavitt
版本：	iPad
网站：	https://www.gethopscotch.com
投资人：	Mesa Ventures、Kapor Capital、Collaborative Fund、Resolute.vc

（来源：www.CrunchBase.com）

🔍 显微镜下看产品

① 先选一个喜欢的人物，总共有 16 个人物可选。

② 帮自己的人物取一个可爱的名字。

③ 准备，可以开始大展身手啦！

④ 选一个你想做的游戏或动画。

第 6 章 教育益智产品

⑤ 选好后,就会进入编程画面,在右下角,会有教学影片。孩子所要做的,仅仅是按照直觉把代码进行拖曳,在游戏中潜移默化地吸收知识。

这是小朋友的杰作!　　　　　这是小探的杰作!

继续看市场

可以把作品发布在你的页面,跟大家分享作品;让大家互相学习,他们可以玩你编写出来的游戏,或欣赏你做的小动画,也可以看到你的代码是怎么写的,在软件的主画面里,你可以选择不同的分类,比如有最新的作品、特点及挑战。其中,最特别的是在挑战这个类别里,你可以设计一个具有挑战性的编程,让别人来完成你指定的动作。

比如说上图中这个挑战,小熊因为小时候蜂蜜吃得太少,所以拿不到树上的苹果,你能不能帮助它拿到苹果呢?通过挑战,能够让自己的编程能力更进一步,获得成就感!

竞争对手

根据 VentureBeat 的估算,美国的教育类游戏(又称为严肃游戏)的总体市场容量在 2012 年大概是 15 亿美元,到 2017 年将会增长至 23 亿美元,而到 2020 年时将会涨到 54 亿美元,年平均增长率高达 16.3%。而在 2013 年,风险投资机构总共对美国的 378 个教育类的科技项目合计投入了 12.5 亿美元的资金,而且这两年不断升温。

在这个市场中除了 Hopscotch 之外,还有一些好玩又有用的 App 帮孩子们在玩的过程中学习编程。

(1) Tynker

Tynker 是针对 9 岁以上儿童开发的动作型编程游戏。Tynker 曾被评为《今日美国》最佳 8~14 岁游戏、家长最佳选择金奖,也被苹果应用商店推荐为儿童教育类最佳 App。

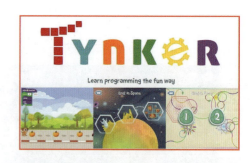

(2) Kodable

Kodable 是给 6 岁以上小朋友准备的 iPad 游戏应用,教给孩子们基本的逻辑和编程概念。该应用分为免费和 6.99 美元的付费版两个版本,付费版可支持 5 个用户登录(如果你家孩子多,这可是福利哦)!

(3) Lightbot

Lightbot 是一款给 4 岁以上的小朋友玩的编程游戏,也是 iPad 版,售价 2.99 美元。Lightbot 的主角是一个小机器人,故事场景是让小朋友们控制小机器人来堆迷宫魔方,由浅入深,锻炼孩子的逻辑和空间感。

(4) ScratchJr

这是一款让 6 岁以上孩子在家长辅导下通过对卡通形象的拖曳组合来进行有故事情节的编程的小游戏。其动画形象相当萌宠,但编程的难度似乎对孩子来说有点小挑战哦!

第 6 章 教育益智产品

> 让你成为手工艺大师

6.2 Craftsy：手工艺在线教育，收入 3 年翻 3 番

再过几天就是 Peter 的结婚纪念日了，Peter 想要送一份特别的礼物给老婆：亲手制作一个纪念日蛋糕！

但是作为一个专注代码 20 年的工科技术男，他没有任何其他技能，怎么办？难道又要出去买吗？那太不特别了，Peter 尝试着找了很多教人如何做蛋糕的攻略，但是"适当"、"少许"这些词弄得他头都大了！

直到他遇到了 Craftsy，什么事都变得简单而专业！

什么是 Craftsy

Craftsy 是一个专注于激发学习热情、提供教学资料的学习各种手艺的平台。Craftsy 的产品形态类似于 YouTube 和 Etsy 的混合体。用户可以在 Craftsy 上寻找到他们感兴趣的工艺领域，然后付费，便可在社区中得到专家的教程。目前已经提供超过 400 种，涵盖缝纫、编织、蛋糕装饰、艺术、摄影、烹饪等手艺的课程。这些高品质课程都是由 Craftsy 在丹佛的工作室制作的，每门课程都有 3D 模型、动画、课程资料，以及讲解关键技术和方法的视频。每一门课程都有对应的社区，会有专门的老师解答学生提出的各种问题。

公司概况

成立时间：	2010 年
总部位置：	丹佛
官方网址：	http://www.craftsy.com
创始团队：	

 John Levisay, Founder, CEO　　 Josh Scott, Founder, COO　　 Emily Lawrence, VP of Content & Education

 Todd Tobin, Founder, CTO　　 Bret Hanna, Founder, VP of Engineering　　 Mitch Lazar, SVP of Business Development

融资情况

A 轮：　　　　　　　　　　　　　　　600 万美元，2011 年 9 月
B 轮：　　　　　　　　　　　　　　　1500 万美元，2012 年 4 月
C 轮：　　　　　　　　　　　　　　　3500 万美元，2013 年 12 月
D 轮：　　　　　　　　　　　　　　　5000 万美元，2014 年 11 月

显微镜下看产品

① 选择一个喜欢的领域开启 Craftsy 学习之旅吧，包括蛋糕设计、刺绣、剪纸、首饰设计等。

② 快速注册一个 Craftsy 账户。

③ 在主页上搜索想要学习的技能。

④ 开始学习吧。

第 6 章 教育益智产品

❺ 进入课堂,开始上课!在这里还可以和其他小伙伴互动,且有海量学习资料供你参考。

继续看市场

Craftsy 简单、直接地证明了一点:手工当然并不只是小孩子用彩笔、剪刀写写画画,也不只是老奶奶戴着老花眼镜缝被子。截至 2014 年年底,Craftsy 的用户已经突破 500 万人,公司也获得 5000 万美元的第四轮融资;而几年前的 2012 年,他们的用户只有 100 万人,绝大部分是女性,而且 80% 都在 40 岁以上。

根据全球产业分析公司的估算,2015 年全球在线教育市场的总量约为 1070 亿美元,而其中移动学习市场份额大概是 79 亿美元,到 2020 年将增长到 376 亿美元,复合年增长率约为 36.3%。像 Craftsy 这样的在移动端上进行学习的应用,其成长前景确实可观。

如今,对于手工爱好者来说 Craftsy 就像是 YouTube 和 Pinterest 的混合体,为他们提供在某一手工领域深度学习的平台。YouTube 上也有很多达人提供免费教学,但 Craftsy 的铁粉相较之下更愿意付钱去购买已经筛选和整合过的课程,这样他们学习的质量和效果是免费平台无法比拟的。

另一方面,Craftsy 更自豪于为用户提供高质量的教学视频。"我们平台上的达人们本来就是其所在专业领域的超级巨星,但老实说以前他们曾经苦于无法

靠自己的专长赚钱。"CEO John Levisay 如是说，而 Craftsy 为这些并不精于网络的达人们提供了更多机会去传道授业。

2012 年两位创始人 John 和 Josh 接受 FOX 电视台访问时，主持人打趣说，你们可以开一个宜家家装组装课程。如今他们真的和家装市场合办了书架和花圃的木工课程。另外，Craftsy 在丹佛老家与手工用品超市 Jo-Ann 合作，也与本身就是甜点学校的蛋糕装饰品牌 Wilton 开课。

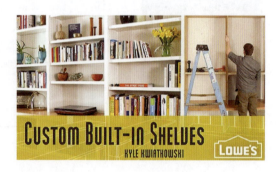

竞争对手

（1）Creativelive

Creativelive 是另一家 MOOC 初创公司，其网站已拥有 600 多门课程和 200 万用户。其课程类别多为音乐、艺术、摄影、设计方向，除专业相关外，也包含了很多理论层面的知识，例如"如何开展手工生意"、"如何成为成功的自由职业者"等。而 Craftsy 就比较专注于手艺教学，如"油画－沙，海与天"、"翻糖技法－甜点塔"。

（2）YouTube

之所以 YouTube 被认为是主要对手，原因在于多数手工达人本身也有自己的个人博客和 YouTube 粉丝，而 YouTube 的搜索功能又为特定需求的手工爱好者做出正确关联和指向，因此一部分用户愿意多花一些时间和精力来搜索免费视频来代替。小探也是曾经因为不舍得 40 刀（美元）学费而手持课单直接去 YouTube 上逐一寻找技法。

> 孩子的天性是玩不是学

6.3 Tinybop：在 143 个国家儿童教育应用下载量排第一

① 孩子到了餐厅，多少会因为太兴奋而变得不好控制

② 或者孩子们还没吃完，就等不及出去玩了

③ 感谢 Tinybop，现在小孩吃饭都能安安静静地坐着

什么是 Tinybop

Tinybop 是一家致力于开发一系列教育 App 的公司，将游戏与教育结合在一起，让小朋友从游戏中也能学到知识。

公司概况

成立时间：	2011 年
总部：	纽约
创始人：	Raul Gutierrez

融资情况

种子轮：	100 万美元
A 轮：	500 万美元

显微镜下看产品

（1）The Human Body 系列（身体）

下面几幅图中有骨骼系统、血液循环系统及神经系统。在每个系统里，都能再细看每个部位。

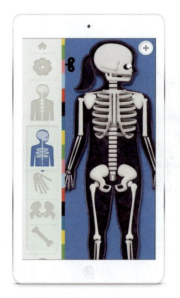
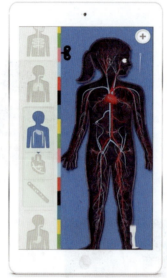
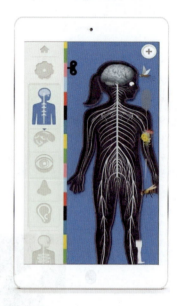

（2）Plants 系列（植物）

在这个系列里可以在不同的地方观察植物生长，可以观察植物在热带雨林、森林及沙漠里有什么不一样的生长方式和生长周期。

① 在热带雨林，土壤的分布会跟沙漠不一样，生态圈也不一样。

② 在森林里，你可以种一棵橡树，然后观察它一年四季的生长状况。

③ 沙漠里几乎不下雨，能够在沙漠生长的动植物都非常需要耐旱，所以动植物也就比较少。

（3）Home 系列（全世界不同房子的特点）

在 Home 系列里可以看到因为不同的文化、不同的地区，所住的房子会不同，家里的家具、装饰、食物也会有所不同。

① 在蒙古包里，煮菜、烧水都是要用柴火的，家具也都有不一样的感觉。

② 这是一个纽约风格的房子，虽然面积不大，但五脏俱全。

③ 这是也门的房子，厨房里的土窑用来专门做抓饼，窗户都用彩色玻璃，阳光照进来别有一番风味。

（4）Simple Machines 系列（物理，简单机械）

在这个系列里，我们可以尝试通过不同的游戏来学习一些物理小知识。

① 这个有点像"愤怒的小鸟"游戏，要把黄球砸到城堡，看你能用什么角度砸到最多。

② 在这个小游戏里，你可以选择不同的车轮，看看哪一个车轮能够跑得最快。

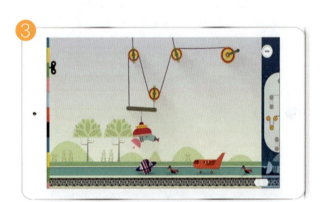

③ 这个游戏是让我们知道：东西越重，所需的齿轮越多，才能把东西吸起来。

④ 最后一个小游戏是让我们知道：角度越小，越能够将冰块打碎，所需的力道也比较小。

继续看市场

儿童教育类 App 大致可分为有声故事类、认知学习类、游戏互动类和创意学习类四种。从应用市场的情况看，受欢迎的教育 App 大多集中在儿童的语言认知方面，其中数量上仍以国外占绝大多数，但也有不少国内应用排名靠前。至于开发者方面，个人开发者和企业开发者所开发的产品并无特别大的区别，至少从用户体验上是如此，倒是有部分个人开发者的 App 处于榜单前列。总体来说，儿童教育手机 App 应用的市场现在还没有出现一家独大的情况，甚至可以说，现在的儿童教育类 App 仍处于探路阶段，不同产品往往思路上差异也颇大，尚不能构成明显竞争。因此现在对于有志于往这方面发展的企业而言，无疑是一个绝佳的机会。

竞争对手

（1）FingerPrint

FingerPrint 是第一个儿童教育和娱乐开发的平台，它通过移动和 Web 平台，为儿童提供分享和学习内容的工具。FingerPrint 不仅自身提供儿童教育类产品，同时作为一个平台，它也为第三方儿童教育类内容提供者提供了一个平台，通过 FingerPrint 的平台，使其可以分享相应的儿童数据，从而达到每个用户在该平台的产品中共用一个身份、一套个人数据。目前，FingerPrint 已有超过 50 个教育类产品应用，以及 10 个以上产品开发机构，其庞大的用户基础以及后续力量，为其在产品更新换代上提供了强大的力量。

（2）http://ABCYa.com

http://ABCYa.com 作为一个老牌儿童教育类的公司，虽然它的商业之路走得不温不火，但是它的产品确实十分丰富。该公司产品使用群的年龄层主要从幼儿园到五年级，以教育类游戏为主要构成方式，在提供教育内容的同时也不失其娱乐性，可以使用户更加融入到产品本身。http://ABCYa.com 不只限于提供 App 给儿童使用，同时也在家长方面、课堂教育方面提供了相应的功能，可以让家长了解和控制儿童的使用情况，根据相应的情况，来调控儿童的学习娱乐进度。在市场反应上，http://ABCYa.com 被 The New York Times、USA Today、Parents 等多家媒体赞许和推广。

> 专业大脑训练大师

6.4 Elevate：脑力训练翘楚

① Angela 是个非常上进的"逗比"兼理科生姑娘，她最爱看的美剧是《生活大爆炸》

② 最崇拜的是谢耳朵，总是希望能够向谢耳朵一样拥有超级全能的大脑，于是她总期待能够利用闲暇时间进行技能的提升

③ 等地铁的 10 分钟，等客户的 20 分钟，作为一个上进的女青年，绝对不允许浪费这么多碎片化的时间，那干点啥好呢？

④ 今天推荐一款全新的"开脑洞"智力游戏，可以边玩边学，而且在游戏过程中还可以在不知不觉中开展各方面能力的脑力训练。说不定练着练着就真的跟谢耳朵一样了！

什么是 Elevate

Elevate 是一个专属定制的训练大脑各项能力的 App。该应用是由"神经科学和认知学习领域专家共同开发，以大量的科学研究为基础"。它通过简单的测试评估出用户的水平，然后从听、说、读、写和数学五个部分，通过精心设计的游戏环节，来全面提高个人的沟通能力、分析认知能力、记忆能力和逻辑推算能力，同时也可以快速帮助小伙伴来提高英语。该应用 2014 年的下载数量高达 800 万次，并且荣登 2014 年最佳应用排行榜。

公司概况

成立时间：	2011 年 3 月
App 上线时间：	2014 年 6 月
总部：	旧金山，美国
创始人：	Jesse Pickard, Karl Stenerud

 Jesse Pickard
Co-Founder and CEO of @Elevate

 Karl Stenerud
Co-founded Trickshot Games.
Co-founded @Elevate.

融资情况

种子：	120 万美元，2011 年 3 月
A 轮：	650 万美元，2012 年 8 月

(来源：https://angel.co/elevate-3)

第 6 章　教育益智产品

🔍 **显微镜下看产品**

❶ 一开始进入界面时，就会有一个简短的测试来评估个人能力，测试时间大概为 2~4 分钟，系统会温馨提醒你希望哪一方面的能力得到重点培训。当然啦，嫌麻烦的用户可以选择最下方的 Skip 跳过。

❷ 测试完成后，App 会自动生成用户的能力评估表，然后用户可以自行选择想要加强的部分，系统可根据你的能力和情况给出一份个人提升计划。

❸ 整个应用分为五个小版块：听、说、读、写和数学，每个版块都内置了一个游戏环节让用户来挑战。

❹ 需要提醒的是，每一关卡只有 1 次犯错的机会。如果犯错 2 次的话就会收到如下提示，然后重新再来，直到顺利闯关才能进入下一个环节。

❺ 在这里给大家推荐比较好玩的内置游戏部分。英语最上面的句子用来做提示，根据提示猜出对应的单词，会有 2 个首字母提示，所以最开始玩难度是较低的。这有点像另类的英英字典，可以帮助我们提升单词量。每猜对一个单词，就会有一只小鸟从屋顶飞走哦！

❻ 当然该应用也有提供给更多高智商玩家的收费模式，这 14 个内置游戏都是需要收费的哦！想要挑战的可以来玩。

密探提示

该应用是英语体系的游戏,所以即便是比较简单的游戏也要求具有一定的英语基础。如果只是过了四六级的程度,玩起来还是略费劲的,当然大家可以把这个应用当作提升自己英语能力的 App 来进行使用。个人体会是可以提高单词量和阅读量。虽然是专业的培训,但在设计上能够融入比较有趣的环节,玩起来也不会太枯燥哦!

继续看市场

商业模式

听说人脑在 25 岁后就开始退化,所以,早在任天堂 DS 盛行的年代,小探已经在上班路上猛戳川岛隆太教授的脑力训练题了。好吧,你们大概已经猜到我"多年轻"了。

言归正传,假如我们的集中力、记忆力和语言综合能力能够有所提高,那么生活应该比现在更容易和美好吧?因此,CEO Jesse Pickard 创立 Elevate 的目标就是设计一个让人生活变得更聪明和快乐的 App。短短半年时间,Elevate 就被下载 500 万次。2014 年底,Elevate 更入选了 Apple 的年度应用。之所以 Elevate 从众多脑力训练 App 中脱颖而出,是因为其界面精简、进度跟踪简易和每日训练提醒的交互性。

竞争对手

现在手机市场上盛行的脑力训练 App 有很多款,下面小探为大家挑选两款来供大家选择。

(1) Peak

- 成立时间:2012 年
- App 上线时间:2014 年 9 月
- 总部:英国伦敦
- 创始人:Itamar Lesuisse, Xavier Louis, Gerald Goldstein, Sagi Shorrer
- 融资:1000 万美元

Peak 比 Elevate 迟 3 个月上架，其训练游戏设计非常简单，适用群体更广。小探觉得，相比于偏重语言训练的 Elevate，我们这些非母语玩家而言，Peak 玩起来更加得心应手，应该说更集中在脑部训练而不受语言能力限制，而每次训练后的蛛网图更能直观提示用户哪方面需要努力提升。

Peak 的缺点是，在用户注册的时候，没有对用户能力水平做初步评估，只是给出一系列想提升能力的方向做选择。

（2）Fit Brains

- 母公司：Rosetta Stone（成立于 2007 年）
- 总部：加拿大温哥华
- 创始人：Michael Cole，Paul Nussbaum and Mark Baxter

这个 App 在界面设计方面一点都不比 Elevate 差，而且最重要的优点是——讲中文！因为 App 首页会有些脑健康小提示，这让小探感觉惊喜并阅读顺畅。另外，该 App 里面除了个人训练进度之外，还提供同年龄段用户成绩比较，让玩家更努力，或者"沾沾自喜"。

Fit Brains 也并非没有缺点：第一是"脑力健康指数"只是一个数字，每项 400 分满分，这种计分方式一点都不直观，也让人疑惑；第二是每天只能玩 3 次训练游戏，想多玩就只能升级了。

以下是三款 App 的简单对比。

对比项目	Elevate	Peak	Fit Brains
初始能力评估	有	无	有
游戏设计	语言语法	图形谜题	动作谜题
训练表现	进度条	蛛网图	分数
Apple Watch 上使用	可以	可以	可以
LAP 价格（美元）	4.99/月 44.99/年 149.99/永久	4.99/月 34.99/年 99.99/永久	19.99/月 99.99/年 无永久计划

第7章

交通出行产品

以 Uber 等为代表的一系列公司已经在颠覆传统的交通领域，交通作为衣食住行中的重要一块，许多创业公司都在此尝到了甜头，见证了交通领域的各项创新。本章将为大家带来四款极具特色的产品，其中，BlaBlaCar 是欧洲的共享长途汽车服务；而 Skurt 为你提供送上门的租车服务；Filld 则把燃油为你送上门，再也不用担心没油半路抛锚了；Waze 则是利用众包思维获取更实时的交通信息。传统行业加入了互联网思维后，人们的生活出行已经变得大不一样，期待更多产品给我们带来更多便捷。

精选案例：

- Filld
- Waze
- BlaBlaCar
- Skurt

移动时代的加油神器

7.1 Filld：你用过 Uber 打车，可是你用过 Uber 模式加油吗

James 拜访了一整天的客户

结束后驱车与女友共进周年纪念日晚餐

却看到油表灯高高亮起，加油站车满为患

他足足迟到1个小时，女友很生气后果很严重

如果 James 知道 Filld，他或许不会迟到一分钟。

什么是 Filld

简而言之，Filld 是随时随地帮你解除加油烦恼的流动加油站（车）。Filld 通过 App 搜集用户地理位置信息，将需要加油的用户与自建的加油车队相匹配，提供按需上门加油服务，收取地区均价的油费及少量的服务费（5美元/箱）。只要按下手机 App 中的一个按钮，就会有人帮你把油箱加满。加油期间并不需要你候在车旁，你所要做的唯一一件事情就是把油箱口盖打开。是不是瞬间多出了很多自己的时间，生活质量大有提高？进入会议室之前按下按钮，在健身房跑步时按下按钮，演唱会开始前按下按钮，你都可以保证在结束这一段的工作、健身或娱乐后，全速前往下一个目的地，再也不用在加油站浪费宝贵的时间。

公司概况

成立时间：	2015
App 上线时间：	2015
总部：	美国加州帕罗奥多
网站：	http://filld.co/
创始人：	创始人 Scott 之前在一家风险投资公司工作，他从自己的加油经历以及美军的空中加油机中得到了启发，创办了 Filld。

目前适用地区： 目前 Filld 只有一辆加油车，主要为硅谷地区比较富裕的社区提供服务。目前覆盖的区域包括帕罗奥多、门洛帕克、红柿等硅谷腹地的几个中心城市。

显微镜下看产品

让我们一起探寻一下这个好玩的 App 吧！

① 打开 Filld，手机应用会自动定位用户所在的位置，然后发送加油请求。

② 将自己的信用卡与 Filld 绑定，用于支付，用户只需支付所在地区当时的平均油价以及 5 美元服务费。

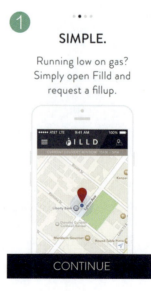 

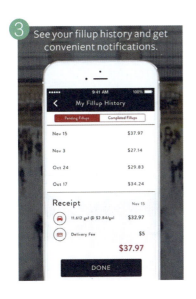

③ Filld 会根据用户所在地匹配加油服务。当 Filld 完成加油时,用户会收到相应的消费记录。

密 探 提 示

到底加油车长什么样呢?

继续看市场

美国每天约有 4000 万人要加汽油,整个美国零售汽油行业的市场一年约 5600 亿美元。

商业模式

Filld 提供"一键式"上门加油,向消费者收取额外的 5 美元服务费,为消费者节约了大量的时间。想象一下,不管你是去跟朋友吃饭,还是要赶着上班,只要停完车在 App 中发送自己的地理位置,开好油箱盖,等你回来的时候已经是满满一箱油了。这样的服务,相信会让很多人愿意用钱换时间的。

竞争对手

我们来看一看这个新兴的行业内,目前有哪些参与者!

(1) FuelMe

- 成立时间:2012 年

- 目前拓展的城市网络：美国德克萨斯州

不同于 Filld 主打个人消费者市场，FuelMe 选取了大型客户市场。虽然计价也是本地油价加上 5 美元的服务费，但是目标客户基本上是大学、机场、医院和员工人数超过 5000 的公司。比如公司想给自己员工发福利，就支付服务费和部分油费让 FuelMe 上门给员工加油，员工自己掏剩下部分的油费。由于"量大"，一些加油站已经和 FuelMe 提出合作邀请。据内部员工透露，近几年 FuelMe 有望在波士顿和巴尔的摩两个城市提供服务。

（2）Lyfeboat

- 成立时间：2015 年

- 公司地点：俄亥俄州辛辛那提

这也是一个刚发展起来的创业公司，2015 年 1 月刚拿到种子轮启动。Lyfeboat 的服务对象也是个人消费者，不过服务范围更广。目前除了上门加油之外，还提供洗车、做保养以及 24/7 的道路援助服务。他们的目标是做 Uber 版本的 AAA，计划接下来加入拖车、开锁、换胎、应急启动电源等类似应急的服务。Lyfeboat 的商业模式更像 Uber，"Uber 司机的概念"在这里变成了上门服务的"Skipper"。收费方式有一次性的，也有会员制。Lyfeboat 目前还处于后孵化时期，地区服务仅限辛辛那提。

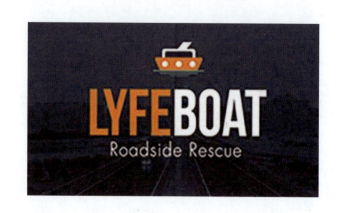

- 一次性收费：上门加油（10 美元 + 油费）；上门洗车（15 美元 + 洗车费用）；上门保养（25 美元 + 保养费）；24 小时路边援助视具体情况而定。

- 基本会员（34.95 美元 / 月）：2 次加油（只收取油费）；1 次内外洗车；2 次保养（只收取保养费）；24 小时路边援助。

- 高级会员（54.95 美元 / 月）：4 次加油（只收取油费）；2 次内外洗车；3 次保养（只收取保养费）；24 小时路边援助。

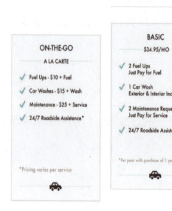

> 比 Uber 更便宜

7.2 Waze：被 Google 以 11.5 亿美元收购的地图应用

① 恭喜你成为一名 Waze 粉

② 每次出行都有 7 万兄弟姐妹给你带来最新的实时路况

③ 他们会告诉你便宜的加油站和不该遇到的警察

④ 说的不是 Google Maps 哟，而是以色列兄弟开发的 Waze

什么是 Waze

Waze 推出最新拼车应用——RideWith。提供 RideWith 服务的司机可以选择接单或不接，而且系统会预估燃油费用及必要的开销，并智能地通过 Waze 导航系统确定大多数车常走的路线，还能将方向相同的车与乘客进行匹配。RideWith 不会给司机支付薪金，乘客也只需支付最低的乘车成本，难怪可以比 Uber 更便宜。那么，到底什么是 Waze？ Waze 是一款导航 App，但其功能不只是导航而已。它融入了实时的交通资讯，让你知道哪边堵车、哪边有警察；也会更新最新的油价资讯，告诉你去哪加油最便宜；最有趣的是，当你在堵车时，还可以让你跟一起堵车的小伙伴们吐槽这乱七八糟的交通。

公司概况

成立时间：	2007 年
总部：	美国加州帕罗奥多
网络：	https://www.waze.com
创始团队：	

 Noam Bardin, CEO
 Amir Shinar, Co-Founder & VP R+D
 Yael Elish, VP Product
 Ehud Shabtai, Co-Founder & CTO
 Di-Ann Eisnor, VP Community Geographer
 Jordan Grossman, Sr. Director, Sales

融资情况

A 轮：1200 万美元，2008 年 5 月 1 日

B 轮：2500 万美元，2010 年 12 月 8 日

C 轮：3000 万美元，2011 年 10 月 18 日

（来源：crunchbase.com）

显微镜下看产品

① 打开 App 后会有一个用户协议，同意即可。输入电话号码后，过一会儿就会收到验证码。

② 输入你刚刚收到的 4 位验证码，即可创建自己的 Waze 账号。

③ 创建好账号后，就会进入主画面了，惊叹号代表那段路正在修。看到警察的图案了？没错！那代表有警察，经过时要注意喔！

④ 单击 图标后，可知最新的交通状况，如哪有警察、哪塞车等，甚至可跟地图上任何一个人聊天。但请注意，不要边开车边打字哦。

第 7 章　交通出行产品

❺ 单击 ⬤ 按钮后有 4 个选项，其中 Navigate 就是最常用的导航。进到 Navigate 后，输入要去的地方。确认地点没有错后，按下 Go，Waze 可预估需要多少时间和距离，你就可以出发啦。

密 探 提 示

不知道各位有没有在 Navigate 页面看到一个大大的 Gas 图案？没错！Waze 会告诉你附近哪有加油站以及离你最近的加油站哪家最便宜。小探有一次出去玩，结果开到一半车子快没油了，然后还找不到加油站……差点就叫道路救援了……Waze 有这个功能实在太方便啦！

继续看市场

商业模式

　　Waze 本身是免费的，据其 CEO 所描述，未来，Waze 将会成为一个连接所有人的 App（此软件上有聊天功能）。从某种意义上来说，它很可能会成为陌生人社交里的 Facebook。广告将会在未来成为它的主要收入来源。

竞争对手

（1）Scout GPS Navigation & Meet Up

- 成立时间：1999 年

133

- 公司总部：加利福尼亚州
- 创始人：H. P. Jin，Y. C. Chao，Bob Rennard
- 网站：http://www.scoutgps.com/

Scout GPS Navigation & Meet Up 是一个非常好用的 Navigation App，让你可以轻松浏览路况，是查找实时交通情报的最佳途径。用语音聊天和消息与朋友保持联系，即刻在联系人列表分享你的位置、路线和 ETA（预计到达时间）。地图上可以显示所有前来参与活动的朋友。同时，也可以找到最便宜的加油站，参观和其他地方的所有设施，避免了不必要的开支和时间。

（2）Google Maps

- 成立时间：1998 年 9 月 4 号
- 公司总部：加尼福尼亚州山景城
- 创始人：Larry Page，Sergey Brin
- 网站：http://www.google.com/maps/about/

Google Maps 相信大家都听说过，其主要功能如下：

- 提供 220 个国家 / 地区的全面而精确的地图。
- 可为驾车、骑车和步行路线提供 GPS 语音导航。
- 提供超过 15000 个城镇的公交线路和地图。
- 提供实时路况信息、事故报告和自动重选路线功能，帮您找到最佳路线。
- 提供超过 1 亿个地点的详细信息。
- 提供餐厅、博物馆等地点的街景和室内图像。

但是 Waze 在 2013 年 6 月 11 日被 Google 收购，所以，Google Maps 和 Waze 的竞争算是 Google 内部竞争了，可能其中一个会被另外一个消化，至于谁在未来会成为羊，谁会是狼，我们拭目以待吧！

> 欧洲长短途拼车神器

7.3 BlablaCar：红遍欧洲，正如 Uber 之于美国，滴滴之于中国

什么是 BlaBlaCar

BlaBlaCar 是一个欧洲长途、短途拼车平台网站。成为其会员后你可以花更低的费用在欧洲穿梭，并在旅途中交到朋友。同时，这也是个倡导节能减排的公司。

公司概况

总部：	柏林
成立时间：	2004 年
创始人：	Frédéric Mazzella, Francis Nappez, Nicolas Brusson
一些数字：	超过 2000 万用户；19 个国家通用；iPhone 和 Android 已经被下载 1500 万次，且每年增长 200%；每年节能减排达上亿欧元；3 人 / 车的车辆平均入座率（欧洲平均只有 1.6 人 / 车）；270 万 Facebook 追随者。

显微镜下看产品

① 登录以后,需要验证手机号码和电子邮箱,还可以在下面个人喜好一栏填写是否需要只看有安全保障的"验证用户",是否要在路上抽烟,是否有宠物,以及喜欢听的音乐等。还可以加上自己的车辆型号,以便提高被旅客联系的可能性。

② 回到主页面以后,可以选择左下角的 Rechercher 按钮进入搜索车辆页面,或右下角的 Proposer un trajet 按钮成为车主,中间的 Vos trajets 按钮可以看到已预定的旅途。

③ 让我们先以旅客的身份开始畅游这款 App 吧!进入左下角按钮所连接的搜索页面后,就可以输入出发地和目的地了,以巴黎至阿姆斯特丹为例。

④ 选择想要一起旅行的车主,点击进入关于这次旅程的介绍,包括旅程总长度、总时间,中途是否会拐到其他城市,车主是否会按照登出的精准时间到达,车的型号、颜色,车主的年龄和姓名,其身份是否进行验证,以及其他用户对他的评价等。

⑤ 选择旅行的人数,进行支付。

⑥ 了解完了保险,可以回来付款啦!支付方式有银行卡和 PayPal 两种,据网站声明,他们不会保存用户的任何支付信息,支付全程使用 SSL 加密技术保证安全。支付成功以后,只要在约定的时间和地点与车主见面,一起出发就可以愉快地玩耍啦。

第 7 章 交通出行产品

> **密探提示**
>
> 我们看到 BlaBlaCar 大约收取 13% 的手续费。对欧洲旅行的价格不太了解的朋友们可能会惊讶手续费这么多，其实这个费用不仅用于支付公司的网络维护、系统使用费等成本，其中还包含对车主和旅客双方的保险费；因为保障安全并不是一句空话，这一切的背后是其合作方法国 AXA 保险的担保。这个保险包括什么呢？第一，保证旅客能够愉快地到达终点，也就是说如果路上出了事故，车坏了抛锚了等，BlaBlaCar 会负责把你拉到目的地；而对于车主来说，如果由于个人原因不能按照约定的时间出发，就必须把车借给家人或朋友来保障出发，这个人会享有和车主相同的权利，但条件是不能把车借给低于三年驾龄的司机。请注意，路途中所发生的人身事故赔偿，并不包含在保险内，而是从车上人员的个人险内进行补偿。

⑦ 了解完了旅客模式，让我们再看看作为车主要如何刊登告示。单击进入右下角的 "Proposer un trajet" 时，有两个选择：一次性旅程和周期性旅程（限制在 100 公里以内）。周期性旅程模式对于周期性进行旅行的车主来说会很方便：只需填入旅行的周期和起始日期，由 App 在周期到达时自动刊登启示，而不需要车主再次手动输入。

⑧ 如果在周期性内键入超过 100 公里的行程，App 会报错并引导你进入一次性旅程界面。如左图所示，巴黎到威尼斯的距离超过 100 公里。

⑨ 如果键入的出发地和目的地符合模式（一次性或周期性）的要求，App 就会允许选择出发的地点、时间，提供参考价，还可以启用"Ladies Only"选项（密探还是觉得可以"逗比"一些启动"Men Only"才能体现男女平等的原则啊）。

⑩ 在两种接受付款的模式之间进行选择：Acceptation automatique 自动接受（旅客可以直接预定）和 Acceptation manuelle 手动接受（旅客需要得到车主的同意才可预定）。BlaBlaCar 还会送给每一个成功接受预定的车主一张油卡，Cadeau de bienvenue 中有油卡的品牌可供选择，单击 Publier 就可以最终刊登告示了。

⑪ 此时作为车主的你就可以美美地在家里等着热爱生活的旅客与你一起出发啦！等待的期间，你还可以点击"Répondez aux questions de vos passagers"选项回答旅客提出的问题，与旅客进行交流。

⑫ 与 Airbnb、TripAdvisor 等网站相似，BlaBlaCar 也提供一套评分系统，以供旅客和车主之间互相打分和留言。密探曾作为旅客，搭乘一位非常热情的车主 Mickael 的车从巴塞罗那回巴黎，他在大型商场里面做采购经理，密探曾经的商学院背景使得我们交谈甚欢，通过网站上的评分系统，车主还给过很高的评价哦。

继续看市场

 商业模式

　　这款产品的主要使用人群有两类：车中有空位置并且想省钱的长短途旅行车主；不愿意花大价钱坐火车和飞机的旅客。

第 7 章 交通出行产品

除了相互评价以外，个人分数还与其他的信息有关，这些信息包括手机号码、电子邮箱验证、个人主页的完成度、正面评价的数量和使用年限。而个人分数将直接影响用户之间交际的信任度（分数越高的车主，越容易出现在首页，或被人预订；同样，分数高的旅客，也容易被车主接受）。由于用户的流动性高，移动穿戴设备上使用该 App 的可能性更大，BlaBlaCar 也开发了 Apple Watch 兼容的版本。

除了 App 上的功能外，网站上也提供更多与拼车相关的游戏和社区，促进用户之间的交流和联系，真是用生命做产品！官网更是提供了 19 种语言，满足了东西欧人民之间交流的需要。官方网站上还有可以进行实时帮助的对话框，随时解决疑难问题。

看，BlaBlaCar 还会在官网上送出为车主提供的免费贴士，方便车主和旅客集合时更容易找到对方，也间接创立一种品牌归属感。

最初的盈利模式还不是来自 C2C，而主要是 B2B，业务是销售软件平台，鼓励企业员工之间进行拼车，并将拼车平台软件售卖给公司。但后来他们发现，B2B 的成本太高，入不敷出，于是团队将盈利模式完全集中在 C2C（免费）模式上，并在 2012 年开始对线上服务进行收费。

BlaBlaCar 默默无闻了两年，自从 2009 年注册了西班牙域名 BlaBlaCar.es 开始第一次国际扩张后，2010 年 6 月才拿到来自 ISAI 的第一笔融资——125 万欧元。2011 年，Comuto 开拓英国市场，注册 BlaBlaCar.com 域名后，从 2012 年 1 月起确立国际市场开拓的方针，并向 Accel Partners、ISAI、Cabiedes & Partners 融资 1000 万美元为开拓欧洲市场提供基础，从此越走越顺。2014 年，Index Ventures 向其投资 1 亿美元，2015 年，BlaBlaCar 更是从 Lead Edge Capital 和曾慧眼投过 Twitter、Virgin Pulse 等的"大牛"风投手里融到了 2 亿欧元的资金。

Date	Amount / Round	Valuation	Lead Investor	Investors
Sep, 2015	€200M / Series D	—	Insight Venture Partners / Lead Edge Capital	4
Jul, 2014	$100M / Series C	—	Index Ventures	4
Jan, 2012	$10M / Series B	—	Accel	3

在此过程中，或许与几个创始人的国际背景有关，BlaBlaCar 团队从未停止国际化的努力。从各国网站的域名注册年份来看，国际化速度可见一斑。

2014 年 4 月，洛尔·瓦格纳（Laura Wagner）——BlaBlaCar 创始团队发言人坦言，18 个国家并不是他们国际商业战略的尽头，BlaBlaCar 希望建立在中美洲、南美洲和亚洲的市场，而语言与沟通是寻找区域性机会和突破固有障碍的最重要因素。至于美国，在 BlablaCar 这儿，却被撤掉了优先级：廉价的天然气使得美国的汽车拥有量和使用量都高，而成本相对较低。面对如此幅员辽阔的领土，大概也只能坐飞机度周末啦！BlaBlaCar 的下一个拓展目标是南美洲和中美洲。鉴于 BlaBlaCar 员工能说流利的西班牙语和葡萄牙语，而且这一地区的居民钟爱拼车，互联网在该区域的逐渐普及、中产阶级有车族的增加，以及油价上涨带来

Pays	nom du site	date d'ouverture
France	BlaBlaCar.fr (ex covoiturage.fr)	2006
Espagne	BlaBlaCar.es (ex Comuto.es)	2009
Royaume-Uni	BlaBlaCar.com	Juin 2011
Italie	BlaBlaCar.it	2012
Portugal	BlaBlaCar.pt	2012
Pologne	BlaBlaCar.pl	2012
Pays-Bas	BlaBlaCar.nl	2012
Luxembourg	BlaBlaCar.fr	2012
Belgique	BlaBlaCar.fr/BlaBlaCar.nl	2012
Allemagne	BlaBlaCar.de	Avril 2013
Ukraine	BlaBlaCar.com.ua	Janvier 2014
Russie	BlaBlaCar.ru	Janvier 2014
Turquie	BlaBlaCar.com.tr	Septembre 2014
Inde	BlaBlaCar.in	Janvier 2015
Hongrie	BlaBlaCar.hu	Mars 2015
Croatie	BlaBlaCar.hr	Mars 2015
Serbie	BlaBlaCar.rs	Mars 2015
Roumanie	BlaBlaCar.ro	Mars 2015
Mexique	BlaBlaCar.mx	Avril 2015

的压力，或许会给 BlaBlaCar 在该区域的拓展带来新的机遇。

从 App 目前的可见度来看，国际化的战略带来的影响是正面的，App 的知名度评分上升到了很高水准。

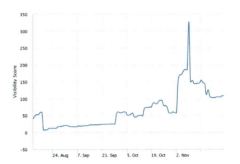

竞争对手

（1）SNCF（法国国家铁路）

出行手段不止一种，对于长途客车或拼车来说，速度相似的情况下，旅客更有可能选择更便宜的票价。巴士市场的国有企业无疑是强劲的对手。据世界报（lemonde.fr）2013 年消息，SNCF 收购了另一个开展拼车业务的公司 GreenCove 并开展了巴士业务。密探在国家铁路官网上比较了一下同一时间从巴黎去荷兰的火车、巴士和 BlaBlaCar 的报价，结果发现：巴士售价甚至只要 25 欧元，低于在 BlaBlarCar 上的 30+ 欧元。

不得不说，政府背景，实力雄厚的 SNCF 的巴士业务，会对其造成一定威胁。

（2）各类同类型小公司

各类同类型小公司：Zimride, Tripda, yatrashare.com, TripdaFillCar.com, CoYatri 不乏开展拼车业务的小公司，但无论从产品还是融资情况来看，都无法对 BlaBlaCar 造成威胁。

> 快，简单

7.4 Skurt：在美国，居然出现了可以挑战租车巨头的产品

Linda,

~~其实我的爱好和你好相似。你说你最喜欢浪漫主义文学，我恰恰最爱不释手的就是拜伦的《恰尔德·哈罗尔德游记》。这位高傲叛逆的拜伦式英雄，是拜伦对自由的歌颂。~~
~~你说你喜欢古典，我最常听的就~~是维也纳古典乐派的海顿、莫扎~~特和贝多芬，因为他们把古典音~~乐艺术带到了一个新的巅峰。
~~我知道你还喜欢去爬山，滑雪，这些都是我工作之余常做的事情。~~
对了，还知道你对红酒也有一些研究，我想说，晚上出去喝一杯吧。

嘿，简单点儿！

什么是 Skurt

Skurt 是一款按需租车的移动应用。你只需在 App 上操作，他们就会把你要租的车送上门，并且省去大量的文书工作，而且，你不需要任何的低龄驾驶费和加油费用。

公司概况

上线时间：	2015 年 9 月
总部：	洛杉矶
网站：	skurtapp.com
团队成员：	

 Josh Mangel
Co-Founder & CEO

 Harry Hurst
Co-Founder

 Aaron Peck
Co-Founder

融资情况

种子轮： 130 万美元，Upfront Venture 领投（2015 年 10 月 6 日）

142

第 7 章 交通出行产品

🔍 **显微镜下看产品**

① 打开 App，整体感觉非常简约且有立体感。值得一提的是底部的提示按钮，提醒你当前应该先"选择地址"，并随着你的使用进程不断提醒下一步应该做什么，极大降低了学习成本。

② 进入选择地址功能栏后可以选择想取车的地点：机场还是其他地点？由于产品刚刚上线，目前只针对洛杉矶国际机场附近进行服务。当然，如果有特殊要求，可以联系他们团队，至少小探收到的 Skurt 反馈邮件是这么告诉我的。

③ 选择完地点后，就可以获得具体每款车的价格。四类车的价格和基本款式都是固定的（33~199 美元不等），选择完后，你可以再次单击下方的提示按钮进入下一步。

④ 开始时间的选择界面如下图，非常常见的滑块选择方式。快速选择好取车时间，同样，结束时间也是类似操作。于是乎，你好像应该去填表付钱了。

⑤ Skurt 此时会引导你进入注册页面。完成邮箱和密码的填写后，会出现手机验证界面。输入 4 位验证码，成功后需要填写你的住宅信息，然后就可以进入下一步了。

⑥ 验证驾照时，你可以直接用手机拍摄驾照正面。App 会出现提示你打开摄像头功能，然后用手机扫描驾照背面的条形码。驾照认证完成后就需要输入信用卡信息。

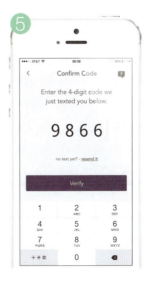

143

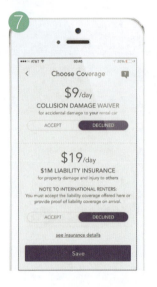

⑦ 由于你之前已经选好了地点、车型和时间，系统判断你在租车，所以会给你列出保险费用，默认是拒绝的。你可以选择同意，例如9美元/天的保险费，然后单击保存。

⑧ 到达结账页面，会出现总体情况列表、费用及电子签名栏，只需签字就完成此次租车啦。

⑨ 侧边栏包括"主页"、"租车记录"、"账户信息"、"优惠码"、"常见问题"及客服联系方式。

⑩ 你可将优惠码发送给你的朋友，他们只要拿着你的优惠码注册就会有50美元抵用券；而当他们消费后，你也会收到50美元的回报。

快来看看Skurt的服务全过程吧！

① 当你下飞机时Skurt服务生就已来到机场等候。
② 你会被载到取车地点，之后就愉快玩耍吧。
③ 用车结束后在指定地点把车交给Skurt服务生就可离开了。
④ 你去赶飞机吧，还车的事情就交给Skurt服务生。

继续看市场

根据下图可以看出:从2009年开始,租车市场的利润连续五年一直呈上升的趋势;2014年一年差不多增长了6%,利润达到了261.3亿元,在这些利润的增长中,租车价格的上浮是主要的原因。另外,越来越多的人把钱和时间投入到旅游中,尤其在美国,很多人会更加喜欢自驾的方式,所以,游客流动的增加也正面刺激了租车市场。

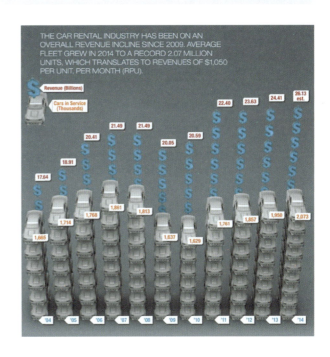

COMPANY	U.S. CARS IN SERVICE (AVG.) 2014	# U.S. LOCATIONS	2014 U.S. REVENUE EST. (in millions)	2013 U.S. REVENUE (in millions)
Enterprise Holdings (Includes Alamo Rent A Car, Enterprise Rent-A-Car, National Car Rental)	1,093,411	6,114	$12,850	$11,900
Hertz (includes Dollar Thrifty)	495,000[3]	6,110[3]	$6,400[3]	$6,324
Avis Budget Group (includes Payless, not Zipcar)	342,000	3,100	$5,500[3]	$5,000
Fox Rent A Car[1]	19,000	18	$215	$200
Advantage Rent-A-Car[2]	18,000	43	$200	$60[3]
ACE Rent A Car	13,000	100	$156	$150
U-Save Auto Rental System (owned by FSNA)	12,000	140	$123[3]	$118[3]
Rent-A-Wreck of America	5,200	174	$39	$40
Triangle Rent-A-Car[2]	4,000	29	$40	$40
Affordable/Sensible	3,700	190	$33.5	$32
Independents[4]	68,000[3]	5,500[3]	$570[3]	$550
TOTAL	**2,073,311**	**21,498**	**$26.127B**	**$24.414B**

2014 U.S. CAR RENTAL MARKET — FLEET, LOCATIONS AND REVENUE

但是整个租车市场现在并不是百花齐放的局面，而是被 Avis、Enterprise 和 Hertz 垄断着，他们占据着其中的 97%。右图显示了这三大龙头的市场占据比例。这三大公司的龙头地位让他们可以在比较少的担忧下提高租车的价格，而且根据预测，如果可以一直保持现在的垄断局面，他们依然可以保持大概每年 6% 的利润增长。不过对于消费者和市场来说，这样并不是一件好事，我们需要一个多样性的市场，更多的公司参与进来，这样可以保证越来越多的提供者在竞争中不断提高服务。

现在 Skurt 跟很多的有闲置车辆的租车公司达成了协议，这些独立的租车公司包括那些仅仅有 200 辆车的小型公司，也有超过 2000 辆车的大型租车公司，达成协议后他们就成了 Skurt 的车辆供应商，迄今为止 Skurt 有大约 5000 辆车可以用来提供服务。Skurt 已经决定在洛杉矶之后向其他城市扩展，旧金山将会是下一个。

盈利模式

除了租车费用之外，Skurt 目前还没有对自己提供的平台和服务向用户收取费用。不过，因为 Skurt 是收集那些独立租车公司库存里面多余的车，所以也许他们会从租车商那里收取一定的费用。对于一个新兴的产品，把自己的服务品质提高，同时赢得更多的消费者，才是现在需要做的第一步。

竞争对手

显而易见，现在所有的租车公司都是 Skurt 的竞争对手。Harry Hurst 认为，正是目前 Avis、Hertz 和 Enterprise 三大公司在租车市场占据 95% 的垄断状况，造成了当前用户体验和服务的不佳。同时小探也认为，这三大公司不会很快接受像 Skurt 这样的新技术，毕竟占据市场的总是有恃无恐。

（1）FlightCar

Skurt 也有相同服务的竞争对手，其中 FlightCar 是租车市场第一个提供了用户和用户之间可以进行汽车分享的平台，不过 FlightCar 目前仅提供了机场的交接车服务，比较单一。而 Skurt 虽然进入市场也是从机场入手，但它比 FlightCar 提供更方便的服务：对于每一位预定车的用户，Skurt 的工作人员会在终点等待用户的到来，并帮助用户办理好所有交接车的事宜。同时，Skurt 现在在洛杉矶的一些特定区域提供送车上门的服务，只要用户在 App 上预定完毕，Skurt 的工作人员会把车送到用户所在地，为用户提供了极大方便。

（2）Gateground

另外还有一个类似 FlightCar 的产品——Gateground，他们也提供了车辆分享的平台。目前，Gateground 有着每年上千万美元的利润，同时有超过 1600 辆汽车在服役。但是，根据我们上面介绍的，Skurt 已经超过了这个数量。Upfront Ventures 的管理合伙人 Mark Suster 曾问过 Mangel（Skurt 的 CEO）一个问题：如果用户在旧金山使用 Gateground 没有任何问题，那么他们为什么要转而使用 Skurt 呢？Mangel 保证，Skurt 可以提供始终如一的服务品质以及独特的送车上门服务。Mark 也表示，他从来没有听说过一个人喜欢租车公司，因为这个 240 亿的美元市场被那三大公司垄断，并且提供着不那么让人满意的服务，他们希望可以看到 Skurt 的团队改变这个现状，同时他们也相信 Skurt 可以在租车行业做到像 Uber 在出租车行业所获得的成功。

第8章

智能硬件产品

智能硬件，是继智能手机之后新的科技热点，本章将带你领略各种神奇的智能硬件。Coin 是一款可以将所有信用卡集合到一张卡上随时切换使用的智能信用卡；Spot 则是一款仅售 99 美元的智能家居安防摄像头，集多重实用功能于一身；智能盆栽 Plantui 不需要土壤，用户只需购买相应的植物胶囊，放在 Plantui 里，打开装置就可以坐等收获了；Trivoly 能把你的普通手表摇身一变成为智能手表；FiftyThree 则是一款适合设计师在 iPad 上创作的智能画笔；而最后介绍的 Google Cardboard，是一个低成本、易携带的虚拟现实（VR）设备，会在介绍一款 VR 体验 App 的同时给出。可以预见，智能设备将被越来越多的消费者接受，进入千万家庭，成为人们生活的一部分。

精选案例：

- Coin
- Spot
- Plantui
- Trivoly
- FiftyThree
- Vrse

> 钱包瘦身但不缩水

8.1 Coin：思聪老公丢失的"黑卡"被硅谷团队营救了

你一定和思聪老公一样烦恼：我的老天爷！这么多卡，把钱包都塞满了；我还要放女朋友的百张照片啊！

买房要用X卡，买车要用Y卡，购物要用钻石卡……都是出门要带的啊！

是不是要惊呼：拿什么拯救你，我肥的不行的钱包！如果，这么多的卡可以神奇地融合成一张？然后你可以随意切换使用，连售货员都会被你帅呆。

激动地问你：这是什么东东？嘘……我偷偷告诉你——黑卡。

什么是Coin

简单来说，Coin就是一张可以把你的所有信用卡信息都集合在一张信用卡上的智能硬件产品。这样，你出门只需带一张Coin卡即可，它能随时变成你想使用的卡：Visa、Mastercard、各大银行借记卡均可，而且，Coin卡的使用方法和普通信用卡一模一样。

公司概况

创立时间：	2012年
公司网站：	http://onlycoin.com
总部：	旧金山
创始人：	Kanishk Parashar，CEO
团队成员：	

Karthik Balakrishnan CTO　　Kanishk Parashar Founder & CEO　　Russell Taga COO　　Michael Tamaru Chief Financial Officer

融资情况

A轮：　　　1550万美元，2014年5月，由Redpoint Ventures领投

显微镜下看产品

① 你得先获得这张奇妙的"黑卡"：可以去官网 https://onlycoin.com 预定一张专属你的 Coin 卡，现在预定可以节省 25 美元哦！小编已经拿到了，好开心。

② 下载 Coin App、注册，并可以指纹登录。记住，Coin 是通过蓝牙和手机绑定的，所以要保证手机的蓝牙是一直开启的。

③ 在 Coin 软件里可以添加不同的信用卡和借记卡，数量没有上限，Coin 会赠送一个刷卡器用来认证你的信用卡。

④ 当卡片得到认证之后就可以通过 App 同步到 Coin，但是每次只能将最多 8 张卡的信息同步到 Coin 卡中。8 张已经可以帮我的钱包减去不少"肚腩"了！

第 8 章　智能硬件产品

⑤ 同步完以后，通过按 Coin 正面的圆圈按钮，就可以在 8 张信用卡之间切换，小屏幕会显示你的卡号末四位和卡的截止日期。选择好想用的卡之后就可以刷卡支付了，小编亲自测试过，还可以在 ATM 上取款。

⑥ 这么多卡的信息放在一张卡中，大家首先考虑的肯定是安全问题，Coin 通过蓝牙和手机连接，如果 Coin 离开了手机一定距离，那么 Coin 会自动锁住不能再刷。同时，App 也会记录下 Coin 的位置，包括刷卡的位置也会用绿色标出，所以完全不用担心 Coin 会被盗用。

⑦ Coin App 为了鼓励用户多使用 Coin 卡，现在推出了很多返利的项目，在指定商家消费还有意外惊喜哦。

继续看市场

商业模式

根据 Statistic 咨询公司的报告，移动钱包 POS 支付的交易额在 2015 年为 227.4 亿美元，而到 2020 年预计增长到 7451 亿美元。这数十倍的增长量，相对于已经趋于饱和的在线 B2C 和 P2P 支付模式，很好地说明了移动支付将成为一个新兴的热门商业竞争点。

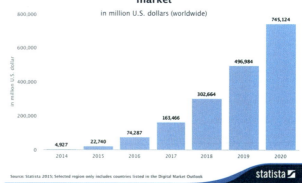

竞争对手

对于这块肥肉的争夺,美国市场出现了以下 8 位有力的竞争者:Apple Pay / Passbook(NFC);Android Pay / Google Wallet(NFC/HCE);Samsung Pay(with LoopPay MST);MCX/CurrentC/Paydiant Wallet;PayPal Wallet;Plastc Card;Swyp Card;Stratos Card。其中,与 Coin 最为相似的是 Plastc Card,最大的差别在于,它的显示屏更大而且可以触控。另外,它的用卡范围更广,包括各大品牌商家的 Gift Card。

在上述竞争对手名单中,我们可以看到,苹果、谷歌、三星、PayPal 这些国际巨头已然加入了这场移动支付市场争夺战中。同时,许多新兴创业型企业(像本文提到的 Coin),也想在移动支付市场规则没有完全成型前分一杯羹。

现在的移动支付,主要分两种思路:利用手机软件或平台整合用户信用卡等支付信息,然后直接使用手机完成支付(上述名单中的前 5 位属于这种);利用实体"通用卡片"设备和手机软件相连接(一般是蓝牙)记录用户支付信息,然后通过刷卡完成支付(上述名单中的后 3 位属于这种)。

这两种方式孰优孰劣尚不可知,但就第二种而言,可能给人的第一反应就是:既然第一种方案已经通过手机软件直接解决了问题,那为什么作为用户的我们还要多花一部分钱去买一张"通用卡片"呢?可能的理由是:实体卡片能更加符合用户现在的习惯,能有更好的用户体验。毕竟用户体验这个东西需要时间的检验,并不是把所有功能都集中到一个设备(手机)里,用户就一定会喜欢。

Coin 相比于同类型的三家企业(Plastc、Swyp、Stratos),其优势在于率先抢得了行业先机,从 2015 年 4 月开始发货,现在已经发售超过 30 万张 Coin 卡,而其他三家企业的产品还处于预售阶段。

> Spot 安全卫士

8.2　Spot：在美国每15秒就发生一起入室盗窃，用什么保护家庭

 FBI 犯罪数据显示 ①

 全美每15秒就有一起入室盗窃发生 ②

 平均每次作案金额高达2230美元 ③

 其中65%作案发生在早上6点到下午6点之间 ④

 34%作案者从房屋前门进入 ⑤

 作案第一目标是主卧室 ⑥

什么是 Spot

Spot 是 iSmartAlarm 公司最新推出的一款仅售99美元的智能家居摄像头。它设计精巧、简洁，聚多重实用功能于一身，让你实时掌握家园的安全。iSmartAlarm 秉着安全、美观、智能的宗旨，在短短三年内成为了智能家庭安全行业的领导者，设计了一系列将智能手机和家居安全紧密相连的产品，并获奖无数。iSmartAlarm 家居智能系统还被美国最大的房产经纪 Coldwell Banker 评为25个对买家最重要的智能家居科技之一。

公司概况

成立时间：	2012
总部位置：	森尼韦尔，美国加州
官方网站：	http://ismartalarm.com

显微镜下看产品

① Spot 身材娇小，外貌"么么哒"，柔韧性很好，可前后左右上下多方位拉伸旋转。它自身携带磁吸功能，不用任何锤子、钉子，就可以把它轻松地放置于任何一个平面，而且 iSmartAlarm App 支持多个摄像头同时工作，时刻关注家里的每一个角落，成为忠实的保安小分队。

② Spot 安装极其简单，它不需要任何复杂的布线和烦琐的设置，只要接通电源，下载 iSmartAlarm App 自动连接就可以开始使用了。

③ iSmartAlarm APP 支持 iPhone 以及安卓手机，也支持 Apple Watch。家里的一举一动都掌握在手腕间的感觉是不是很棒呢？

Spot 的体积虽小，配置支持却有增无减，例如 1280×720（720P）的高清视频，130 度的广角镜头，4 倍变焦，夜间高清拍摄，实时视频，运动以及音频侦测，双向语音通话，支持最大 64GB MicrioSD 扩展存储，多达 30 条 10 秒的视频云储存以及延时拍摄功能。而这一切综合在一起只需 99 美元。接下来小探就几个自己非常感兴趣的功能和大家逐一介绍吧！

- **夜间拍摄**：夜间拍摄可触及的范围可达 9 米。可以轻松地看清房间的每个角落。深夜再也不用提心吊胆摸着黑去探查客厅的动静了！

- **特别音频侦测**：这项功能能侦测到烟雾警报器和一氧化碳监测仪发出的报警声。大多数朋友的家中都会安装这两个安全装置，用于防止火灾以及煤气中毒。但是，如果警报器在你不在家的情况下响了怎么办呢？等你下班回家事态会不会就太严重而于事无补了呢？这些顾虑就交给 Spot 吧！它在侦测到警报声以后会立即发出送紧急信息，并具体描述是哪个摄像头捕捉到信息，以便确认危险发生的位置。这样在第一时间内你就可以赶回家或者打火警电话啦。未来 Spot 还将继续开发识别更多的语音，如婴儿哭声、玻璃破碎声等。

- **双向语音通话**：Spot 不仅具音频侦测能力，还是一部对讲机！有了它你就不需要安装昂贵的 intercom 系统了，只要在家门口轻松贴上一个 Spot 就能看清摁门铃的人，并驱赶不速之客；有了它你可以远程对家中任何一个 Spot 广播，家里的狗狗再也不会蹭坏你心爱的皮沙发了；有了它你可以迅速给家人留个言"下班堵车，晚饭你们先吃吧"；有了它，你可以轻松对付闯入的坏人，对他们大声呵斥！

- **延时摄影**：Spot 的延时摄影功能让你在短短几分钟内看到一个长达一整个星期累计拍摄下来的过程。你只需设定开始和结束拍摄的时间，以及拍摄每一张照片的区间间隔，就可以轻松记录家里发生的各种有趣的事物，例如，"汪星人"一天的活动轨迹，兰花盛开的全过程，以及其他所有平时用肉眼无法察觉的奇异景象，而且还可以将这些转发到社交网站上与朋友分享，听起来"酷毙"了。

看到这里是不是觉得 Spot 这个颜值高的小小摄像头十分特别呢？它不仅是忠实守护的小保安，更为家人的生活带来了便利、欢乐与安心。

继续看市场

2015 年 11 月 18 日，Spot 在众筹网站 Indiegogo 设定了 5 万美元的众筹目标，设定后短短 1 天就达到了目标，截至 2015 年 12 月 18 日，Spot 已筹集到将近 22 万美元，达到目标量的 439%。在众筹阶段，Spot 很调皮地提供了多种外形让你选择——迷彩、魔方、乳牛。在正式发售阶段，Spot 将只提供常规白色外形，因此如果对定制款感兴趣，你也只能通过众筹来获取了。

商业模式

Spot 所属市场可分为三大块：智能家居安防类市场、智能硬件市场和视频监控市场。下面密探将 Spot 列入视频监控市场进行分析。

（图片来自 alliedmarketresearch）

据 Transparency 公司的调查，视频监控市场规模预计将在 2019 年达到 428 亿美元。从 2013 到 2019 年，这 7 年年度投资回报率预期将达到 19.1%。其中，基于 Spot 所属的可联网视频监控市场，7 年内年度投资回报率预计将达到 24.2%。视频监控所属的硬件市场规模在 2012 年已经达到 90 亿美元。2013 到 2019 年，预计年度投资回报率为 17.3%。

  竞争对手

不同品牌的可联网监控摄像头在美国市场竞争激烈。

（1）Nest Cam

2009 年，初创公司 Dropcam 在可联网视频监控领域崭露头角。谷歌旗下的智能恒温器厂商 Nest 出手，于 2014 年 6 月以 5.55 亿美元的价格将 Dropcam 收入囊中。收购后，谷歌最终推出了升级版的 Dropcam Pro，就是如今的 Nest Cam。Nest Cam 与 Spot 的功能十分相似，最值得一提的相似点在于，Spot 与 iSmartAlarm 协作，Nest Cam 与 Nest 恒温器协作。两两间的协作都将给用户提供更好的智能家居产品体验，帮助公司增加在智能家居市场的占有率。

（2）Canary

Canary 外观极具科幻感，采用圆柱形设计。与 Spot 不同的是，Canary 除了内置一个高清晰度的录像镜头及麦克风外，还配备红外线感测温度、湿度及空气品质功能的传感器，像一个智能家具的集成器。

值得一提的是，Canary 具有"自我学习"的能力，能够持续分析并学习家中的状态，不会因为家中宠物活动或者保姆上门服务等日常习惯性事件而对用户造成误报和骚扰。

Spot 与 Canary 的相同之处在于都借助了众筹网站 Indiegogo：2013 年，Canary 在 Indiegogo 设定了保守的 10 万美元众筹目标，最终成功筹集 200 万美元。2014 年，Canary 从众筹项目走到了 A 轮，融资金额为 1000 万美元。2015 年，Canary 完成了 3000 万美元的 B 轮融资。

城市农夫养成计划

8.3　Plantui：红点设计大奖，竟然种植不需要土壤

① 在乌烟瘴气的城市洪流里

② 有人追求百米加速

③ 有人渴望千尺大宅

④ 而有人却想拥有一亩田

什么是 Plantui

Plantui 来自于一个北欧国家的创业团队，是一款室内种植系统，几乎可以种植所有类型的植物。它不需要土壤就能让你在家里方便地种植农作物，不仅可以减少碳排放，提高生活品质，又提供了安全、健康、卫生的食物。用户只需购买相应的植物胶囊，放在 Plantui 里，打开装置，光合作用与营养素就能提供植物生长所需的养分，然后就坐等收获吧！

公司概况

总部：	芬兰
产品发布：	2014 年
创始人：	Kari Vuorinen，CEO
设计师：	为何特别强调这个设计师呢？因为他凭借 Plantui 的设计，获得了 2015 年的红点设计大奖（红点设计大奖被誉为设计界的奥斯卡）。
网站：	http://plantui.com/

Janne Loiske，设计师

158

第 8 章　智能硬件产品

🔍 显微镜下看产品

① 使用 Plantui 植物胶囊：与咖啡胶囊一样，除了经过特殊处理的种子之外，大部分种子能在 3~5 周的时间里快速生长，还包含了生长所必需的营养素，你不必再进行施肥。并且，在种植期间还会散发出一些芳香，胶囊包装上也会有完整的生长周期指南。

② 使用光照单元：每个 Plantui 智能花园都带有至多 18 个高级 LED 灯，为植物提供最适宜光合作用的光强与频谱。随着植物的生长，光照也会随之变化，以保证最终能获得新鲜美味的果实。

③ 使用智能灌溉设施：与专业室内种植的方法相似，位于装置底部的水泵会根据生长阶段来调节浇灌的频率，让植物得到充足的水分、养分与氧气。

④ 使用可调节高度的系统：不同的基座高度能保证植物有足够的空间生长，计算芯片会自动监测植物的生长状态，调节空间高度与之配合，并且光照与浇灌也会随之改变。

❺ 已经设定好的照明和灌溉系统，可以跟踪种子经历发芽、长出幼苗和收获这 3 个重要阶段。不同颜色的光照会影响蔬果的味道和植物的高度。例如，红色光过多，蓝色光不足，可能会引起蔬果成熟后带有轻微或强烈的辛辣口味；而只照红色光，植物会长得比较高。

❻ Plantui Plantation 是他们的第二代产品，一年耗电量为 120 度左右。一个 Plantui Plantation 盒可以种植 12 棵植物。据估计：白菜从种植到收获只需 35 天；如果种植 4 棵辣椒，从种植到收获则需 150 天。作为第二代智能"花园"，设计团队对 Plantui Plantation 的直径和高度都进行了调整。其中，直径调整到了 45cm，高度则可在 28cm 到 200cm 之间调节。

另外，团队还对设备在植物成熟度的控制力方面进行了改善。Plantui Plantation 加强了根据植物的生长情况调整光照强度，以及内置的灌溉系统根据植物生长需要自动调节灌溉的水量这两大特色功能，你可以通过设置这两个功能来控制果实或盆栽的形状。最后，密探带你看看真实产品操作：种植九层塔的指南。

① 加入营养素、水、植物胶囊和插上电源。

② 随时开灯 / 关灯。

第 8 章 智能硬件产品

③ 设置睡眠闹钟，将手放在顶部 3 秒。

④ 随时查看生长状况。

继续看市场

商业模式

这个室内智能盆栽的商业模式非常简单——出售产品和种子。

（1）不同型号

Plantui 6 Smart Garden 价格为 265 欧元，一共有三种颜色：红、灰、白。

Plantui 3 Smart Garden 只有白色一种，即将在圣诞节推出，价格为 120 英镑。

Plantui Moomin Garden 3 有三款，价格为 155 英镑，也会在圣诞节推出。

（2）配套器件

作为智能电子产品，怎么能够没有配套器件呢？

充电器 10.95 英镑

英制转换头 7.5 英镑

③

额外的高度模块 13.50 英镑

④

各种种子 4.5 英镑左右

竞争对手

（1）Click & Grow 公司的智能菜园

2013年3月27日Click & Grow公司在Kickstarter上开始众筹，该项目获得一万多人支持，共筹得62万美元。经过一年的时间，在2014年2月25日发售了他们的智能室内种植产品——智能菜园。

智能菜园是一款室内种植工具，插电并加水，然后就可以看着植物生长了。这款智能菜园入门套装售价59.95欧元，里面包含了3株九层塔，内置计时器、可调节高度的LED灯、水盆、专门的种子和土壤以供种子生长。

①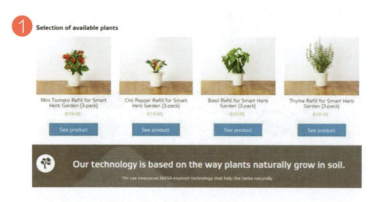

小西红柿和调味用的草本植物价格为 19.95 欧元。

②

花床从 79.95 欧元到 129.95 欧元，价格不等。

162

（2）Urban Garden 的智能花园

- 智能花园：智能花园是一款微型和全自动室内水培温室。它自动控制植物的浇水次数、阳光、化肥、水位。水和肥料的指标是直接将植物通过灌溉泵系统的根源。

- Urban Residential Cultivator：这款产品同样具有预设编程来调节水、光线和湿度的功能，非常适合室内培养植物。

- 水农场：这款产品秉承了一贯的思路，利用闭合的水循环系统进行室内培养植物。

- 迷你室内花园：这款产品可用 2 节电池供电，自动供水，体积为 10cm×26cm×11cm，重 600 克，可存储 1 升水。由于体积小，只适合养一些做饭时调味用的植物，如香菜、薄荷、迷迭香等。可以放在厨房、客厅等任何你想放的地方，价格为 49.90 欧元。

（3）Biome

Biome 是另一款可以用 iPad 或者是 iPhone 进行室内培养植物的产品。这个植物水晶球是一个可以用 iPad 控制内部气候、水位和营养物质的水晶球，预设的环境有热带、沙漠等。这些环境是通过低能耗的照明设备来实现的。

（4）N.thing

N.thing 是一个物联网项目，2015 年 4 月 8 日在 Kickstarter 上开始众筹，短短一个多月就获得 500 人的支持，筹到了预计目标 10 万美元的资金量。团队的产品是一个 WiFi 连接的智能花盆，这个智能花盆能够让用户在互联网上照顾他们的植物。首批出货的产品为一个 13.2 厘米高、直径略小于 17 厘米的花盆，它通过 USB 端口获得电力，还配备有监测土壤湿度、空气温度和光强度的传感器，所以当植物有任何需要时，它会自动通知用户。如果植物太干，用户可以从附加水箱进行远程浇水。该产品可以配备其他智能家居设备，如温度计和飞利浦智能灯泡。因此，用户可以选择最适合于自己植物的温度和光照水平。

> 让普通手表变智能

8.4 Trivoly：只需一步便将所有手表变成智能手表

> 是的，只需一步。也就是说，大致在你看完这句话的时间里，即使是百年的手表，也会摇身一变成为iWatch

什么是 Trivoly

Trivoly 是现在正在 Kickstarter 上众筹的一块厚 3 毫米、硬币模样的智能硬件，只要把它粘到任何手表的背面，就能立刻让你的普通手表变身 SmartWatch！它的口号就是："把所有的手表都变成智能手表！"

它可以帮你做好多事情：

- 人工智能闹钟（在手机上调好闹钟之后它会震动，并且发出语音"7:15 了，该起床了"）。

- 运动时测试心率，然后把数据传到你的 App 上。是的，这个高级的芯片做着运动手环能做的所有事。

- 当你收到邮件信息的时候，你的手表还能震动。即便是平常揣兜里的手机也经常感受不到消息提示，因此这个功能大大降低了因为过度专心工作而忘记了给女朋友回短信的可能性。

- 它还防水！但使用此功能的时候请注意你的手表是否防水。

- 触点手表能控制手机放歌的音量或者换曲目。有没有觉得这个功能听起来很熟悉，是不是像给我们的手机加了个遥控器！

- 打开手机的照相机，用手指轻点一下手表，默念 ma ni ma ni hong（别当真我虚构的啦），它就能帮你自拍。这是 Trivoly 比较独特且实用的地方。虽然国产的某手机已经内置声控拍照了，但有了它的帮助，你手头现有的 iPhone、Android 都能实现智能声控拍照了。

显微镜下看产品

① 把它粘到你的手表后面。

② 下载 App。

③ 连接即可。

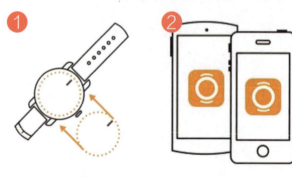

继续看市场

根据 Allied Market Research 公司的调查：在 2013 年，全球智能手表的总市场容量也不过是区区 7 亿美元；而仅仅隔了一年，到 2014 年时，该市场的总量已经达到 25 亿美元了。到 2020 年，全世界的智能手表总市场容量应该会达到 329 亿美元。

在苹果杀入智能手表市场前，这个市场区块已经非常火爆了，而在苹果进场后，销售数字更是不断上涨。2015 年二季度，光苹果智能手表就卖出了 400 万块，占到全球销售份额的 75%。而其他 17% 的智能手表市场，则由 Pebble、索尼这样的二流玩家瓜分。

在智能手表的这波浪潮中，约 2/3 生产智能手表的公司都是 5 年以下的创业公司。可见智能手表的火热是迅速升温的。而在国家的分布上，智能手表的分布基本以中、美两国为最大玩家，其余国家再继续细分。

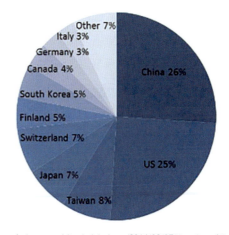

（http://www.forbes.com/sites/arieladams/2014/03/07/the-size-of-the-smartwatch-market-its-key-players/ ）

另外,各国在智能手表这块的市场和销售表现都很让大家吃惊,预计从 2016 年起,智能手表行业将面临年均三位数以上的总体增长。

Company	Headquarter	Name of smartwatch*	Units shipped 2013	Market volume 2013 (USD)	Market share 2013
Samsung	South Korea	Galaxy Gear	800'000	240 million	33.8%
Nike	US	Fuelband (incl. SE)	400'000	60 million	8.4%
Garmin	Switzerland	Forerunner 220/620, D2, S4	200'000	60 million	8.4%
Fitbit	US	Fitbit Force	450'000	59 million	8.2%
Sony	Japan	SmartWatch	250'000	50 million	7.0%
Pebble	US	Pebble Watch	300'000	45 million	6.3%
Shanda	China	Geak Watch	100'000	30 million	4.2%
Mio Alpha	Canada	Heart Rate Sport Watch	100'000	20 million	2.8%
Yingqu	China	InWatch One	50'000	13 million	1.8%
Casio	Japan	G-Shock Bluetooth	50'000	10 million	1.4%
Other	30 companies		450'000	125 million	17.6%
Total			3'150'000	711 million	100%

* Definition of smartwatch: wrist-worn device with indication of time and wireless Internet connection.

(http://www.forbes.com/sites/arieladams/2014/03/07/the-size-of-the-smartwatch-market-its-key-players/)

商业模式

Trivoly 目前正在众筹收尾阶段,限量 1000 个 Trivoly,目前已经完成了 10 万美元的筹资目标,拥有 312 位支持者。比起支持者想要实现的酷炫功能,Trivoly 可能还有很长一段路要走,希望他们不会辜负大家的厚望。

312 backers
$110,862 pledged of $100,000 goal
68 hours to go

竞争对手

在智能手表大举进入人们的生活时,最坐立难安的恐怕是瑞士的手表品牌了。

Breitling 是瑞士生产的手表品牌,其制造商并不希望去克隆其他智能手表测试你消耗了多少卡路里。2014 年,Breitling B55 在智能化方面做出有趣的尝试,允许将手表与智能手机通过蓝牙进行连接,从而获得各种智能功能,如换时区、设定闹钟等。

第 8 章 智能硬件产品

好记性也要配上 FiftyThree

8.5 FiftyThree：移动硬件新体验

小探脑袋里突然冒出来一个 idea（灵感），这个 idea 如此重要，以至于不得不找东西记录这个伟大的 idea，可是打开随身携带的包，除了一根笔并没有可以记录的东西。难道就这样让这个 idea 随风而去了吗？当然不是！作为资深密探，下面就给大家带来一款移动"草稿本"—— FiftyThree。

该系列产品由一款叫 Paper 的应用和一款叫 Pencil 的硬件产品组成。

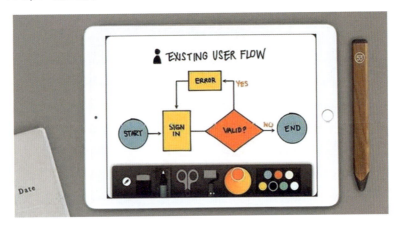

什么是 FiftyThree

Paper 是一款简单实用的打草稿和记笔记的 iPad 应用。Paper 在 2012 年被评为 Apple 公司 iPad 的年度应用。Pencil 是一支配合 Paper 使用的触笔，能让人体验到确实是在用铅笔。Pencil 的长宽高为 13.7cm×1.5cm×0.76cm，重量为 28.35g；笔身的蓝牙装置提供了一个快速、稳定的连接；笔尖和橡皮擦的传感器由 14K 黄金打造，提供了更准确的反应；无须额外操作，可直接识别笔尖还是笔的尾部；超长续航时间，电池充电一个半小时的时间可以使用长达一个月。

169

公司概况

成立时间：	2011 年
总部位置：	纽约
官方网站：	http://www.fiftythree.com
主要团队成员：	

Current Team (7)

 Tara Feener — Engineer
 Jonathan Harris — Co-Founder
 Georg Petschnigg — Co-Founder and CEO
 John Ikeda — Director of Hardware
 Bill Morein — Head of Product
Andrew S Allen — Co-Founder

More Current Employees (ordered alphabetically)

 Julian Walker — Co-Founder

（来源 https://www.crunchbase.com/organization/fiftythree）

融资情况

种子轮：	10 万美元，2012 年 4 月 1 日
A 轮：	1500 万美元，2013 年 6 月 18 日
B 轮：	3000 万美元，2015 年 3 月 17 日

显微镜下看产品

（1）Paper

① Diagram：自动把画出来的图形转换成标准的图形。

② Fill：填充颜色。

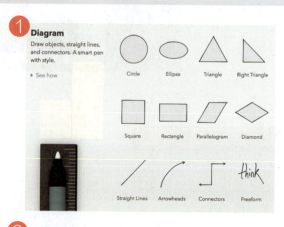

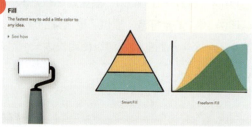

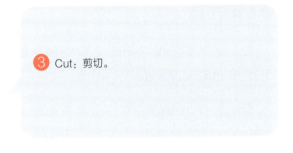

③ Cut:剪切。

(2) Pencil

① Surface Pressure:通过笔头接触屏幕的角度和压力来改变。

② Erase:铅笔尾部就是橡皮擦,和平时用的铅笔简直一模一样。

③ Blend:手指能够把稍微坚硬的线条和颜色缓和一下。

④ Palm Rejection:画图时把手放在屏幕上也不会有什么影响。

继续看市场

在 Paper 和 Pencil 的配合之下，画画的效果就和直接用纸笔非常接近了。

除此之外，Pencil 还有一个供开发者使用的 SDK，如 palm rejection、advanced touch classification 和 effortless Bluetooth pairing。可以很方便地把 Pencil 和 App 结合起来，其中著名的多媒体软件公司 Adobe 就已开发了 4 个。

商业模式

Paper App 已有 1300 万的下载量，尽管 FiftyThree 公司并没有给出 Pencil 具体销量数据，不过通过亚马逊、App Store 等渠道，Pencil 的销量显然会不同凡响。

硬件、软件的完美结合，本身 App 是免费的，而 Pencil 则以每只最低 49.99 美元的价格出售（黑色）。另外，还有金色和胡桃色以 59.95 美元在官网及亚马逊上出售。

竞争对手

（1）Bamboo Paper

- 成立时间：1983 年 7 月
- 公司总部：日本
- 创始人：Masahiko Yamada（President & CEO）
- 网站：http://bamboopaper.wacom.com/

Bamboo Paper 可帮你记录笔记、涂鸦，是一款直接、简单的工具。它的不同之处在于可以选择不同的笔记条纹，可以是条纹背景或者是原点背景；还提供特别价格的套装：fineline pack、creative pack 还有 pro pack。现在的促销模式是买一支 Bamboo Stylus 笔送一个 fineline 套装，或者 Intuos creative stylus 送一个 creative pack 套装（目前只对 iOS 系统适用）。现在有 6 款笔可以选择。

（2）Tayasui Sketches

- 成立时间：2009 年 9 月
- 公司总部：法国巴黎
- 创始人：Yann Le Coroller
- 网站：http://www.tayasui.com/tayasui/SketchesApp.html

Tayasui Sketches 是 Tayasui 公司旗下的一个产品。它与 FiftyThree 的相同之处是它们都是涂鸦画画的 App；不同的是 Tayasui Sketches 有不同的 Pencil 可以选择。它适合建筑速写、卡通、插画和水彩。特别的功能包括填充图案，能够精确选择颜色、色差、饱和度、亮度，玩完之后还可以分享。不仅如此，更可以创建一个账户，将你的作品在 Sketches 的网上分享给全世界。它还有额外的画笔工具，使你的画作更接近你想要的结果。

不需要昂贵设备，手机实现虚拟现实

8.6　Vrse：在全球 VR 爆发前夕进入 VR 世界，居然只要 100 元

① 你再也不用坐在台下观看表演

② 而是置身乐队中间

③ 乐队以你为中心，对你吟唱。这种虚拟现实（VR）带来全面冲击

④ 成本居然不到 15 美元，密探们在测试中的感受完全一致，都只用了一个单词"Wow~"

什么是 Vrse

Vrse 是一款给用户带来 360°沉浸式虚拟现实（VR）的手机应用。你可以足不出户便感受漫步纽约的惬意，体验名人访谈的氛围，见证战争场景的残酷，享受乐队演奏的热情。目前在 Vrse 的平台上，除了像纽约时报这样的传媒机构上传了"漫步纽约"这样的产品外，还有许多独立的制作人也参与其中，包括"自然风景"、"突发事件"、"战争场景"、"现场还原"等。用户在观看每部作品时，都可以 360°地旋转你的手机，选择最喜欢的角度，体验身临其境的乐趣。另外，如果配合 Google Cardboard 使用，将能感受真切的虚拟现实技术，使沉浸式体验更进一步。

公司概况

创始人：

 Aaron Koblin
Co-Founder & CTO

 Chris Milk
Founder + CEO

总部： Los Angeles, California

网站： http://www.vrse.com

2015 年 10 月 30 日，苹果宣布将与 Vrse 进行合作，并且为了这次合作，还专门为 U2 乐队打造了名为 Song For Someone 的虚拟现实音乐视频。此次合作也被称为"The Experience Bus"，U2 乐队的粉丝通过佩戴 VR 头显和 Beats 耳机来体验现场演唱会的氛围。

密探提示

首先，你得有个 VR 设备：史上最简单的 VR 设备，是 Google 在 2015 年 5 月 I/O 大会上发布的 Google Cardboard。它绝对是 VR 界的最佳入门装备。

Google Cardboard（谷歌盒子）是一款"外观寒碜"、内在强大的虚拟现实设备，在 2015 年的谷歌 I/O 大会上可谓大放异彩。这个产品源自 Google 巴黎分部的两位工程师大卫·科兹（David Coz）和达米安·亨利（Damien Henry）的创意，他们利用 Google 特有的"20% 时间"（谷歌允许员工每周拿出 1 天时间做本职工作以外感兴趣的项目）打造了这款产品。其灵感和目的就是将所有智能手机都变成一个虚拟现实设备。

下面小探带你看看 Amazon 上购买的实物 Cardboard，它是如何从几张硬板纸变成一款虚拟现实眼镜的：

① 拆开包装，将原材料展开后如下图所示，上半部分相当于说明书，在纸板上印有三个二维码，分别提供了这些链接：安装视频指南、免费的 3D 移动应用、获取打折码；而下半部分就是 Cardboard 各个组成部分了。

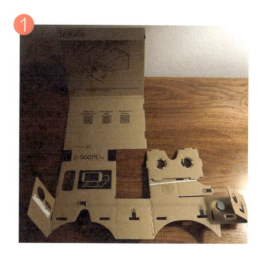

② 根据说明和指南，可以在几分钟内将 Cardboard 安装完毕，非常简单。看看成品的效果，是不是水汪汪的"大眼睛"很诱人呀，你就是通过它看到虚拟现实世界的。

③ 然后将智能手机打开到 Vrse 的虚拟现实页面，放入 Cardboard 的后背槽中。注意，如果你是超大屏手机（如 iPhone 6 Plus），就只能呵呵了，因为这款产品是小样板的设计，手机置放处是无法容纳如此大的设备的。这也符合了 Cardboard 是 VR 入门体验设备的定位。

④ 之后就可以使用 Cardboard 观看虚拟现实的 App 了。除了单纯观看 360°沉浸式影片外，也可以玩到一些互动的虚拟现实游戏，很多都是免费的哦。另外，小探在此提个醒，正确的使用姿势应该是这样的。

⑤ 但你极有可能因为太过沉浸其中，被别有用心的人拍到这样的照片！在虚拟现实体验时，为了看到更多的场景和细节，你会经常 360°旋转。

第 8 章　智能硬件产品

🔍 显微镜下看产品

① 打开应用选择一个场景。

② 如果视频不是很大，可以选择是否下载；如果视频很大（1GB 左右），只有下载后才能观看。

③ 系统询问你是否有 Google Cardboard。这也是 Vrse 最突出的优点：既可和 Google Cardboard 一起使用，也可单独使用。

④ 把手机横过来并戴上耳机这样才能获得最全面的沉浸式体验，包括立体声效果。

⑤ 密探体验了其中的 SNL 节目；可以 360°旋转手机，舞台上的主持人仿佛与我面对面说话一样。

177

❻ 观众席里的美女就在眼前。甚至还可以看到藏在看台摄影机后面的制片人，是不是超赞呢！

继续看市场

根据 Kzero 的数据报告，在全球市场上，消费级虚拟现实设备的销量将会逐年递增，2018 年将会增长至 5680 万个设备。

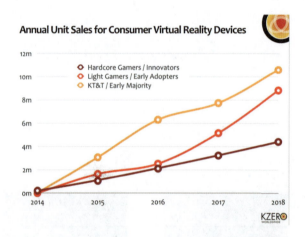

而 VR 硬件和软件收入总和也会逐年上升，将从 2015 年硬件 14 亿美元、软件 9.5 亿美元、总和 23.5 亿美元，上升至 2018 年的硬件 24 亿美元、软件 28 亿美元、总和 52 亿美元之多。可见，VR 在未来的几年内前景诱人[1]。

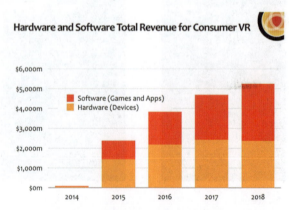

游戏将成为整个虚拟现实市场的主要驱动力。据报道，有 76% 的虚拟现实内容将会是游戏。在硅谷，许多虚拟现实内容团队已经摩拳擦掌，随着即将大面积发售的硬件设备，他们或许在明年就会爆发巨大的能量。[2]

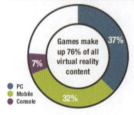

[1] 数据来源：http://www.kzero.co.uk/blog/consumer-virtual-reality-market-worth-13bn-2018/
[2] 数据来源：http://www.slideshare.net/StephanieLlamas/super-data-research-vr-market-brief

如今美国大媒正纷纷布局虚拟现实，Vrse 无疑已经掀起了虚拟现实技术的应用和开发热潮。苹果公司日前已正式与 Vrse 合作，自消息一出便引起 VR 界的轩然大波。然而一向保守严谨的苹果并非冲动，不论是 3D、4K 还是 IMAX，身临其境的视觉效果是视频领域一直追求的。在中国，腾讯和 Google 这两大公司便是虚拟现实视频领域的先行者，可见 VR 行业"钱"景十足。不过，如今虚拟现实视频领域行业合作和竞争都相当激烈，这个新领域的爆发同时也会带动一大波新兴企业如雨后春笋般涌现。

下面介绍一下配套设备。

（1）Google Cardboard

小探想再强调一下这个产品，因为实在是太便宜、好用了！据 Google 介绍，从发售至今，他们已卖出了超过 50 万个 Cardboard，还不包括各种山寨品。虽然这也许跟它 20 美元的便宜售价有一定关系，并且订阅《纽约时报》的 100 万订阅者也可得到免费赠送的谷歌纸盒，但是这也让 VR 这一陌生领域迅速渗透市场。

（2）Samsung Gear VR

三星推出的这款初代头显叫做三星 Gear VR，它必须基于三星 GALAXY Note 4 手机，并且系统升级为最高版本，还需插入 Gear VR 附带的 16GB SD 卡。

（3）Facebook Oculus VR

2014 年 3 月 26 日，Facebook 宣布以约 20 亿美元的总价收购沉浸式虚拟现实技术公司 Oculus VR。Oculus VR 推出的头戴式显示器 Oculus Rift 最初是为游戏打造的，但是 Oculus 宣称会将 Rift 应用到更为广泛的领域，如观光、电影、医药、建筑等。Oculus Rift 两个目镜的分辨率均为 640×800，双眼的视觉合并之后拥有 1280×800 的分辨率，可以大幅提升玩家的游戏沉浸感。

致最好的时代

不可知的未来正向我们涌来,在 IT 技术变革比人们换手机还勤的时代里,一切更新都显得那么平常而频繁。这一切的策源地——硅谷,也正在以一种平静稳健而大步流星的姿态,兼容含蓄地迎接来自全球各个角落的顶尖人才、技术、创意、设计及资本,并以自己无以伦比的聚合力,将这些资源进行核聚变,而产生数量级的跃迁,让这些资源聚合的产物以极高的能量辐射到世界各地,影响着人们的生活。

置身于这个最好的时代,我们有幸能参与其中,享受着移动互联网时代带来的巨大生活方式和品质的变迁。在硅谷这块神奇的土地上,由人、技术、资本这三种基本元素聚变产生的巨大能量,更是给无数莘莘学子及怀揣梦想与抱负的创业者们以无限的可能性和灵感。

知易行难,创业者所面临的问题都是前无古人的。如果创业是一场考试,那么它必然是一场没有标准答案的考试。所有已知的方案都不会奏效,每一次成功都不可复制,哪怕自己的成功在不同时间、不同地点也无法复制,但规律总是深藏在那些看似普通而平凡的案例中。硅谷密探正是秉持这一份对技术的执着和对创业的敬畏,在一切新技术发生的策源地,为大家发掘并分享用心做产品的故事和用心做的产品。

它山之石可以攻玉,任何一个好的产品、好的切入点、好的技术应用和好的商业模式,都是值得认真的创业者学习和借鉴的。硅谷密探通过对一系列优秀的移动互联网产品的深度剖析,为创业者及 IT 爱好者们呈现以创业者及产品经理为视角的观察与评测,第一时间为全球创投圈提供原创一手资讯,在众多噪声中,为认真的创业者提供一个面向对象的、冷静的思考资料和线索。

在本书的结尾,我们要说的是:We will be back!